AU COMMENCEMENT ÉTAIT LE POISSON

NEIL SHUBIN

AU COMMENCEMENT ÉTAIT LE POISSON

L'homme : 3,5 milliards d'années d'évolution

Traduit de l'américain par Anatole Muchnik

PRÉFACE D'YVES COPPENS

ROBERT LAFFONT

Ouvrage traduit avec le concours
du Centre national du livre

Titre original : YOUR INNER FISH

ISBN 978-2-221-10692-1
(édition originale : ISBN 978-0-375-42447-2 Pantheon Books/Random House, New York)

À Michele

Préface

L'astronomie, la géologie, la paléontologie, la préhistoire sont au moins en partie des disciplines historiques. Et comme on ne peut remonter le temps autrement que par la science et l'imagination, ces disciplines font rêver. Comme en outre l'histoire de l'Homme fait partie de l'histoire de la Vie qui fait partie de l'histoire de la Terre qui fait naturellement partie de l'histoire de l'Univers, ces disciplines racontent une histoire continue d'une quinzaine de milliards d'années, qui n'est ni plus ni moins que la nôtre. L'histoire d'une matière inerte qui se complique, s'organise et devient, dans l'eau, sur la Terre il y a quatre milliards d'années, en partie vivante ; matière vivante qui se complique, s'organise et devient, sur la même Terre il y a trois millions d'années, en partie pensante ! C'est quand même la plus belle mais la plus cocasse des histoires du monde !

Neil Shubin est paléontologue, c'est donc un de ces historiens de la Vie, un historien qui a su conduire avec succès, sur le terrain, une bien belle aventure scientifique puisqu'il a découvert le premier fossile conquérant des continents, qui a osé mettre le nez « dehors », après trois milliards et demi d'années dans l'eau. C'est une bien réelle aventure tout court, puisque c'est sous les latitudes peu confortables des terres arctiques d'Ellesmere qu'il est allé le chercher – et le fossile était au rendez-vous. Comme Neil Shubin est aussi un merveilleux conteur, il parvient avec élégance, en trois tableaux dirait-on au théâtre, à faire ressentir tout cela, la beauté et la rigueur des toundras et des climats qui leur vont bien ; à faire saisir l'évidence et la magie de l'évolution et de ses broderies adaptatives ; à faire mesurer la réalité et l'ampleur, au fil du temps, des changements topographiques et environnementaux.

Je me suis bien sûr reconnu dans les exercices successifs de ce métier qui est le mien, prospection, découvertes et fouilles des sites, collecte et dégagement des fossiles de leurs gangues, émerveillement devant les caractères anatomiques qui nous arrivent du temps et qui nous racontent, si on sait les lire, ce que l'on attend – un peu – et plein d'autres choses qu'on n'attend pas et puis intégration des données nouvelles dans la fresque déjà somptueuse de l'Histoire générale de notre monde. Bien que connaissant donc – et pour cause – toutes ces étapes par cœur, je n'en ai pas moins lu avec gourmandise ce livre extraordinaire et généreux de Neil Shubin et envié la clarté de son style, reflet évident de celle de son esprit, habité d'une belle logique déductive, celle des grands scientifiques.

Merci, Neil, d'avoir pris ce temps d'écrire. Les paléontologues et, j'en suis sûr, tous les lecteurs, t'en seront reconnaissants.

Yves Coppens

Avant-propos

Cet ouvrage est né d'un improbable concours de circonstances. À la suite de départs en cascade parmi le personnel enseignant à l'école de médecine de l'université de Chicago, j'ai atterri à la tête du cours d'anatomie humaine. L'anatomie, c'est cette matière où les étudiants de première année se retrouvent à disséquer nerveusement des cadavres tout en assimilant le nom et la fonction de la plupart des organes, des orifices, des nerfs et des vaisseaux du corps humain. C'est leur grande entrée dans le monde de la médecine, un moment très marquant du cursus qui fera d'eux des soignants. À première vue, il ne pouvait y avoir plus mauvais candidat à la fonction de formateur des futures générations de praticiens : je suis paléontologue, et j'ai consacré l'essentiel de ma carrière à l'étude des poissons.

Il se trouve finalement que ma qualité de paléontologue est un immense atout pour l'enseignement de l'anatomie humaine. Pourquoi ? Parce que c'est dans le corps des animaux qu'on trouve les meilleures cartes routières du corps humain. Pour inculquer aux élèves le réseau nerveux de la tête de l'homme, le plus simple est de leur montrer ce qu'il en est chez le requin. Pour comprendre l'apparition de nos membres, la voie la plus aisée passe par le poisson. Et quand il faut expliquer la structure du cerveau, les reptiles sont d'un grand secours. Pour la bonne raison que *le corps de ces animaux est une version simplifiée du nôtre*.

Après deux années passées à diriger ce cours, alors que je travaillais en Arctique avec mes collègues pendant les vacances d'été, nous avons découvert des fossiles qui nous ont révélé des choses essentielles concernant l'invasion de la terre ferme par les poissons, voilà plus de 375 millions d'années. Cette découverte se juxtaposant à mon incursion dans l'enseignement de l'anatomie humaine, j'ai eu l'occasion d'observer le lien entre les deux disciplines. Le présent ouvrage est l'aboutissement de cette observation.

1

Trouver ce poisson qui vit en nous

Depuis que j'ai atteint l'âge adulte, je passe généralement mes vacances d'été dans la neige, à piocher la roche des falaises au nord du nord du cercle arctique. Le plus souvent je me gèle, je me fais des ampoules pour ne trouver absolument rien. Mais, quand j'ai un peu de chance, je tombe sur d'anciennes arêtes de poisson. C'est un genre de trésor quelque peu inattendu, mais il est à mes yeux plus précieux que l'or.

Ces vieilles arêtes recèlent parfois certaines informations sur ce que nous sommes et comment nous le sommes devenus. On trouve matière à apprendre sur notre propre corps dans certains des endroits les plus insolites, que ce soient les fossiles de créatures telles que les vers et les poissons, récupérés dans les roches du monde entier, ou dans l'ADN de la quasi-totalité des animaux peuplant aujourd'hui la Terre. Mais cela ne suffit pas à expliquer ma conviction que les vestiges des squelettes du passé – et ceux des poissons pas moins que les autres – nous offrent des indices sur la structure fondamentale de notre propre corps.

Comment observer des événements survenus il y a des millions, parfois des milliards d'années ? Il n'y avait alors aucun témoin visuel, hélas ; pas un homme à l'horizon. En fait, rien de ce qui parle, de ce qui est doté d'une bouche, ou même d'une tête, n'était présent pendant presque tout ce temps. Pis encore, les animaux d'alors sont morts et enterrés depuis si longtemps que leur corps n'est que rarement parvenu jusqu'à nous. Si l'on considère que 99 pour cent de toutes les espèces ayant jamais vécu sont désormais éteintes, que seule une toute petite fraction a été préservée sous forme de fossiles, dont on ne met au jour qu'une fraction plus petite encore, toute tentative d'observation de notre passé peut d'emblée paraître vouée à l'échec.

Extraire des fossiles – S'observer soi-même

La première fois que j'ai pu contempler l'un de nos poissons intérieurs, c'était un après-midi enneigé de juillet, alors que j'étudiais des roches vieilles de 375 millions d'années dans l'île d'Ellesmere, par quelque 80 degrés de latitude nord. Mes collègues et moi étions venus jusque dans ce recoin désolé de la planète pour tenter de lever le voile sur l'une des phases essentielles de l'évolution du poisson à l'animal terrestre. De la roche jaillissait le museau d'un poisson. Mais pas d'un poisson quelconque : c'était un poisson à tête plate. Dès l'instant où nous l'avons vu, nous avons su que nous tenions quelque chose. Si d'autres fragments de ce squelette apparaissaient dans la falaise, ils nous raconteraient les premières étapes de l'histoire de notre crâne, de notre cou, et même de nos membres.

Que pouvait bien me dire une tête plate de notre migration de la mer à la terre, et plus généralement de notre passé ? Et puis, ne serait-ce qu'au regard de ma sécurité et de mon confort personnels, qu'allais-je faire à cette période de l'année en Arctique plutôt qu'à Hawaii ? La réponse à ces questions tient à la méthode par laquelle on localise les fossiles avant d'en tirer des informations sur notre propre passé.

Les fossiles constituent l'une des plus grandes familles d'indices qui permettent de nous connaître nous-mêmes. (Les gènes et les embryons en sont d'autres, que j'évoquerai plus loin.) On ignore généralement que la recherche de fossiles s'accomplit avec une précision et une prévisibilité souvent étonnantes. Avant de nous rendre sur le terrain, nous commençons par beaucoup travailler à mettre le maximum de chances de notre côté. Ensuite, nous nous en remettons à la fortune.

Le rapport paradoxal qu'entretiennent la planification et le hasard n'a sans doute jamais été mieux saisi que par Dwight D. Eisenhower, dans son célèbre commentaire sur la guerre : « À force de préparer des batailles, j'ai appris que la planification est essentielle, mais que les plans ne servent à rien. » La formule résume à merveille ce qu'est la paléontologie de terrain. On élabore mille plans censés nous conduire jusqu'aux sites de fossiles prometteurs. Mais, une fois sur place, le projet initial tout entier peut bien vite passer à la trappe. Les circonstances rencontrées sur le terrain bouleversent parfois nos programmes les plus élaborés, et le hasard prend alors le pas.

Il demeure que nous sommes capables de concevoir des expéditions visant à répondre à des questions scientifiques précises. À partir de quelques idées simples, que j'évoquerai plus loin, nous savons prédire où trouver des fossiles importants. On ne fait évidemment pas mouche chaque fois, mais suffisamment pour que la chose présente un intérêt. Ma carrière n'est faite que de cela : trouver des mammifères anciens pour répondre à des questions sur l'origine des mammifères, des grenouilles anciennes pour répondre à des questions sur l'origine des grenouilles, et certains des premiers animaux membrés pour comprendre l'origine des animaux terrestres.

À bien des égards, la localisation de nouveaux sites est aujourd'hui plus simple pour le paléontologue qu'elle ne l'a jamais été. Grâce à l'exploration géologique que conduisent les gouvernements locaux et les compagnies gazières et pétrolières, nous avons une meilleure connaissance des sols de régions plus ciblées. Internet nous fournit par ailleurs un accès rapide aux cartes, aux informations générales et aux photos aériennes dont nous avons besoin. Je pourrais même passer votre jardin au scanner depuis mon ordinateur portable pour y rechercher un site prometteur. Pour couronner le tout, certains appareils d'imagerie et de radiographie sont capables de traverser différents types de roches pour visualiser les ossements qui se trouvent à l'intérieur.

Malgré tant de progrès, la chasse aux fossiles importants n'a pas beaucoup changé depuis une centaine d'années. Le paléontologue est encore appelé à examiner la roche – en rampant littéralement dessus – et souvent à en extraire les fossiles à la main. La recherche et l'extraction d'ossements fossilisés supposent de prendre des décisions un tel nombre de fois que le processus est difficilement automatisable. De toute façon, scruter un écran d'ordinateur à la recherche de fossiles ne procurera jamais les joies du piochage.

Le hic, c'est que les sites de fossiles sont rares. Pour optimiser nos chances, trois éléments doivent converger. Il faut des roches dont l'âge permette de répondre à la question posée, dont le type soit propice à la préservation de fossiles et qui affleurent à la surface. Un autre facteur intervient tout de même : la chance.

Ce sont ces règles qui ont présidé à la recherche de fossiles concernant l'un des grands bouleversements de l'histoire de la vie : l'invasion des terres par les poissons. Des milliards d'années durant, il n'y a eu de vie que dans l'eau. Puis, voilà quelque 365 millions d'années, des créatures ont peuplé la terre. Or, l'existence dans ces deux milieux est radicalement différente. La respiration dans l'eau requiert des organes très distincts de ceux qui permettent la respiration dans l'air. Il en va de même pour l'excrétion, l'alimentation et le déplacement. Il fallait nécessairement qu'apparaisse un corps d'un genre nouveau. À première vue, le fossé qui sépare les deux environnements semble à peu près infranchissable. Mais ce sentiment s'évapore aussitôt qu'on observe les indices ; l'impossible s'est bel et bien produit.

Dans notre quête de roches d'un âge précis, nous tirons grand parti du fait remarquable que les fossiles ne sont pas distribués au hasard dans le monde. La disposition des roches, et de ce qu'elles recèlent, est incontestablement ordonnée, ce qui nous permet de concevoir nos expéditions à l'avance. Au cours des milliards d'années de changement s'est déposée, couche après couche, une succession de roches différentes qui constituent le sol. On part du principe, aisément vérifiable, que celles du dessus sont plus jeunes que celles du dessous, ce qui est globalement vrai dans les zones où les strates sont régulièrement superposées. Mais les mouvements de la croûte terrestre engendrent des irrégularités qui inversent la disposition de certaines couches, et il arrive que des roches plus anciennes se retrouvent au-dessus de plus récentes. Par bonheur, une fois ces irrégularités identifiées, il est généralement possible de remettre la séquence originelle en bon ordre.

Les fossiles pris dans ces strates traduisent aussi un ordre, et les espèces qu'abritent les couches inférieures sont très différentes de celles des couches supérieures. Si l'on pouvait extraire une colonne sédimentaire affichant l'histoire complète de la vie, on y trouverait une gamme extraordinaire de fossiles. Les premières couches inférieures ne recèleraient que peu d'indices visibles de vie. Les suivantes, juste au-dessus, exhiberaient les traces d'un tas de bêtes à l'aspect de méduses. Plus haut encore apparaîtraient les créatures dotées d'un squelette, d'appendices et de divers organes, comme les yeux. Puis ce seraient les premiers animaux vertébrés. Et ainsi de suite. Les couches comportant les premiers humains se situeraient plus haut encore. Évidemment, cette colonne unique offrant au regard toute l'histoire de la Terre n'existe pas. En fait, en chaque point de la planète, la roche ne représente qu'une fine tranche de temps. Pour reconstituer le tableau d'ensemble, il faut assembler les pièces en comparant les roches proprement dites et les fossiles qu'elles contiennent, à la façon d'un puzzle géant.

Le fait qu'une colonne sédimentaire renferme une séquence d'espèces de fossiles ne surprendra que peu. En revanche, il semblera moins évident qu'il soit possible de prédire dans le détail l'aspect concret des espèces retrouvées dans chaque couche, en les comparant à des espèces animales d'aujourd'hui ; cela nous permet de prévoir le genre de fossiles qu'on trouvera dans des couches sédimentaires anciennes. En fait, on peut déduire les séquences de fossiles des roches du monde entier à partir de la simple comparaison entre soi et les animaux du zoo ou de l'aquarium local.

Comment une promenade au zoo peut-elle nous indiquer où il conviendra de chercher pour trouver des fossiles importants ? Il y a là toute une gamme de créatures distinctes à bien des égards. Mais ne nous attardons pas sur ce qui les distingue ; pour élaborer notre prédiction, il faut nous focaliser sur ce que des créatures différentes ont en commun. Les caractéristiques communes à toutes les espèces nous permettent de distinguer des groupes aux traits similaires. Tout le vivant s'organise et s'emboîte comme un jeu de poupées gigognes, de petits groupes d'animaux étant inclus dans des groupes plus grands. Ce procédé nous révèle quelque chose de fondamental dans la nature.

Toutes les espèces du zoo et de l'aquarium possèdent une tête et deux yeux. Appelons l'ensemble de ces espèces « Tout ». Parmi ces créatures dotées d'une tête et de deux yeux se trouve un sous-groupe pourvu de membres. Désignons cette espèce membrée « Tout ce qui possède des membres ». Parmi ces créatures dotées d'une tête et de membres, un sous-groupe jouit d'un énorme cerveau, se déplace sur deux pieds, et parle. Ce sous-ensemble, c'est nous, les humains. On pourrait, bien sûr, par cette méthode de classification, créer encore d'innombrables sous-groupes, mais cette simple division par trois possède déjà des pouvoirs prédictifs.

Les fossiles figés à l'intérieur des roches du monde entier suivent généralement le même ordre, sur la base duquel nous concevons nos expéditions. Pour reprendre l'exemple ci-dessus, le premier membre du groupe « Tout », une créature dotée d'une tête et de deux yeux, apparaît dans la séquence des fossiles bien avant le premier « Tout ce qui possède des membres ». Plus spécifiquement, le premier poisson (membre à part entière du club des « Tout ») apparaît avant le premier batracien (« Tout ce qui possède des membres »). Évidemment, tout cela gagne en finesse à mesure que nous observons d'autres types d'animaux et les multiples caractéristiques que partagent certains d'entre eux, mais aussi à mesure que nous évaluons l'âge des roches elles-mêmes.

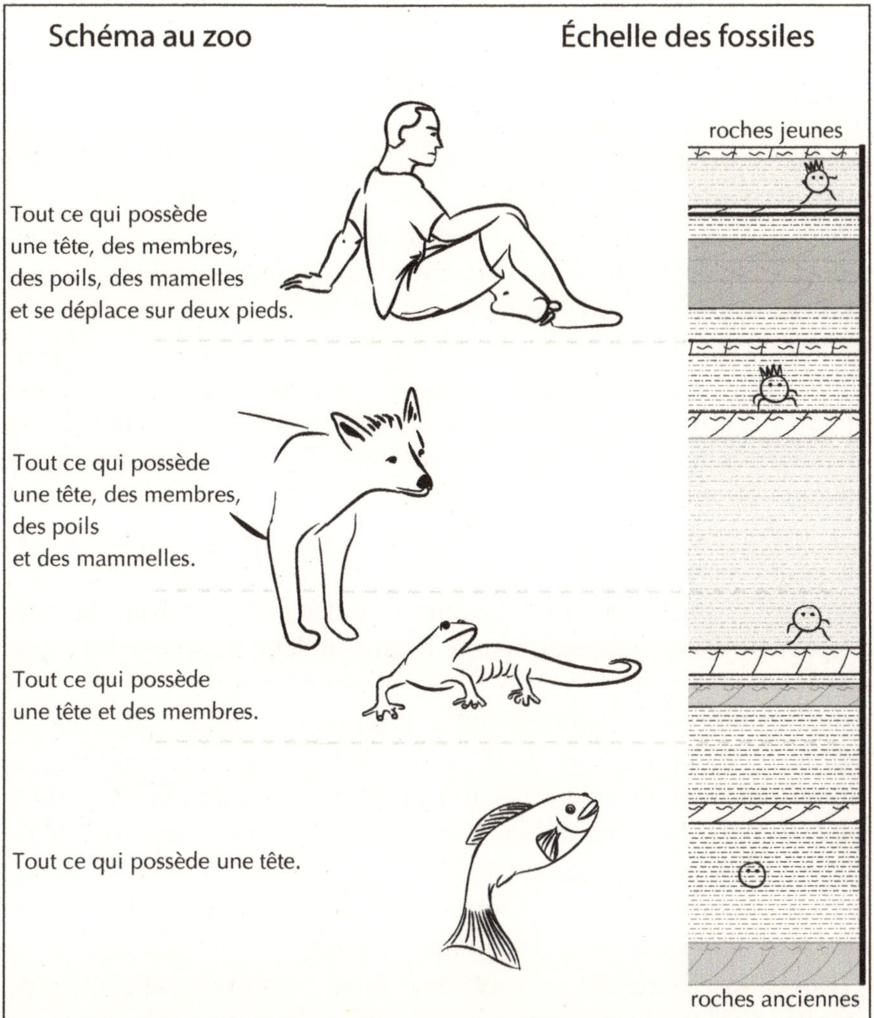

Notre promenade au zoo reflète la disposition des fossiles dans les sols de la planète.

C'est précisément ce type d'analyse que nous menons dans nos laboratoires, portant sur des milliers et des milliers de caractéristiques et d'espèces. Nous examinons le moindre morceau d'anatomie, et souvent de gros fragments d'ADN. Les données sont si nombreuses qu'il faut recourir à de puissants ordinateurs pour discerner les groupes au sein des groupes. Ce type d'approche est au fondement de la biologie, parce qu'il permet de formuler des hypothèses sur le lien de parenté entre les créatures.

Plusieurs siècles de collecte de fossiles nous ont non seulement permis d'affiner la classification du vivant, mais aussi de constituer une vaste collection, ou registre, sur les différents âges de la Terre et la vie qui s'y déployait alors. Nous savons aujourd'hui identifier les périodes auxquelles des changements majeurs ont eu lieu. L'origine des mammifères vous intéresse ? Recherchez les roches du commencement de la période dite mésozoïque ; la géochimie nous dit qu'elles ont environ 210 millions d'années. C'est plutôt l'origine des primates qui vous intéresse ? Remontez la colonne sédimentaire, jusqu'au crétacé, là où les roches comptent quelque 80 millions d'années.

L'ordonnancement des fossiles dans les sols de la planète est un indice révélateur du lien qui nous unit au reste du vivant. Si, dans de la roche de 600 millions d'années, on trouvait la plus ancienne méduse reposant à côté d'un squelette de marmotte, tous nos textes seraient à revoir. Cette marmotte aurait fait irruption dans l'échelle des fossiles avant le premier mammifère, le premier reptile et le premier poisson – et même avant le premier ver. Notre marmotte nous dirait aussi que l'essentiel de nos certitudes en matière d'histoire de la Terre et de la vie est erroné. Mais malgré plus de cent cinquante années de collecte de fossiles – sur tous les continents et dans quasiment toute couche sédimentaire accessible – le cas ne s'est jamais présenté.

Revenons à présent au problème posé : comment retrouver de proches parents du premier poisson qui foula jamais la terre. Dans notre système de regroupements, ces bêtes se situent quelque part entre les « Tout » et les « Tout possédant des membres ». Compte tenu de ce qu'on sait déjà des roches, il y a de fortes raisons de nous focaliser sur la période s'étendant de 380 à 365 millions d'années. Les roches de cet âge les plus récentes, celles d'environ 360 millions d'années, renferment divers types d'animaux fossilisés que chacun de nous identifierait sans peine comme des batraciens ou des reptiles. Ma collègue Jenny Clack, de l'université de

Cambridge, et d'autres ont extrait du sol groenlandais des batraciens datant d'environ 365 millions d'années. Avec leur cou, leurs oreilles et leurs quatre jambes, ils n'ont pas l'air de poissons. Mais dans des roches datant de 385 millions d'années, on trouve des poissons entiers qui ressemblent à... des poissons. Ils ont des nageoires, la tête en forme de cône, des écailles, et pas de cou. Il apparaît donc que si l'on veut trouver trace d'une transition entre le poisson et l'animal terrestre, le mieux sera de se focaliser sur les couches sédimentaires d'environ 375 millions d'années.

Nous avons défini une période pour notre étude, et identifié les couches de la colonne sédimentaire que nous entendons examiner. Il faut à présent trouver des roches constituées dans des conditions favorables à la préservation de fossiles. La roche se forme dans divers types de milieux, et cet environnement initial laisse une signature distincte sur chaque couche sédimentaire. La roche volcanique est par exemple automatiquement exclue. Nul poisson connu ne serait capable de vivre dans la lave. Et même s'il avait existé, ses arêtes fossilisées n'auraient pas supporté les températures que requiert la formation des basaltes, des rhyolites, des granits et autres roches ignées. On peut aussi faire l'impasse sur les roches métamorphiques, comme le schiste ou le marbre, qui, après leur formation, ont subi de très fortes chaleurs ou une pression extrême. Tout fossile qui y aurait été préservé a nécessairement disparu depuis longtemps. L'idéal, pour la préservation de fossiles, ce sont les roches sédimentaires : calcaires, grès, limons et argiles. Leur processus de formation est plus clément que celui des roches volcaniques ou métamorphiques, car il se fait par l'action des rivières, des lacs et des mers. Or, non seulement les processus sédimentaires rendent-ils ces roches plus aptes à préserver des fossiles, mais ils correspondent justement à des milieux que les animaux ont tendance à habiter. Dans le cas d'un océan ou d'un lac, par exemple, les particules se déposent continuellement à la surface de l'eau pour tomber jusqu'au fond. Là, au fil du temps, à mesure que s'accumulent les particules, elles sont compressées par les nouvelles couches successives. Cette compression progressive, à laquelle s'ajoutent des processus chimiques de longue durée survenant à l'intérieur des roches, signifie que le moindre squelette à l'intérieur a de bonnes chances de fossiliser. On trouve le même phénomène au fond et au fil des cours d'eau. La règle générale veut que plus le débit du cours d'eau est lent, meilleure est la préservation des fossiles.

Chaque roche est porteuse d'un récit : l'histoire de ce qu'était le monde au moment où elle s'est formée. Elle recèle des indices sur le climat et l'environnement, qui furent souvent très différents dans le passé de ceux que nous connaissons aujourd'hui. La disjonction entre présent et passé apparaît ainsi parfois à son extrême. Prenons l'exemple criant du mont Everest, où, à plus de huit mille mètres, aux abords du sommet, gisent des roches constituées sur un ancien fond marin. Il suffit de se rendre sur le versant nord, presque à distance visible du célèbre Hillary Step, pour trouver des coquillages fossilisés. De même, en Arctique, les températures peuvent atteindre moins quarante en hiver, quand certaines roches sont des vestiges d'un ancien delta tropical rappelant fortement l'Amazonie : les fossiles de plantes et de poissons qu'on y trouve n'ont pu se développer que dans un milieu chaud et humide. La présence d'espèces adaptées à la chaleur à des latitudes et des altitudes aujourd'hui extrêmes témoigne de la grande faculté de changement de notre planète : les montagnes s'élèvent et s'affaissent, les climats se réchauffent et se refroidissent, et les continents se déplacent. Il faut donc prendre la juste mesure de l'immensité du temps et des mutations extraordinaires de la Terre pour pouvoir exploiter ces informations en vue de nouvelles expéditions de chasse aux fossiles. Si l'on veut découvrir l'origine des animaux membrés, on peut d'emblée restreindre son champ de recherche aux roches datant approximativement de 375 à 380 millions d'années et qui se sont constituées dans des océans, des lacs ou des cours d'eau. On peut exclure aussi les roches volcaniques et métamorphiques, et l'image du site prometteur tant recherché se fait aussitôt plus nette.

Nous n'en sommes cependant qu'à mi-parcours dans la conception d'une expédition. Nos roches sédimentaires, si prometteuses, ne nous seront d'aucune utilité si elles sont profondément enfouies dans la terre, ou couvertes d'herbe, voire d'un centre commercial, d'une ville, qui nous contraindraient à creuser à l'aveuglette. On le conçoit sans peine : forer un puits pour trouver un fossile n'offrirait que de maigres chances de succès.

Les meilleurs sites sont ceux que l'on peut parcourir à pied, sur des kilomètres, à la recherche d'endroits où les ossements sont « exposés aux quatre vents ». Souvent plus durs que les roches qui les contiennent, les ossements fossilisés souffrent un peu moins de l'érosion, et affleurent à la surface. Il s'agit alors de marcher directement sur du soubassement rocailleux, dans l'espoir de trouver quelques restes d'ossements en surface avant de creuser.

Telle est donc l'astuce pour concevoir une expédition de recherche de fossiles : il faut repérer la roche combinant l'âge, le type (sédimentaire) et l'exposition souhaités, et se mettre en route. Le site idéal est peu recouvert de terre, dépourvu de végétation, et n'a pas trop subi l'intervention de l'homme. On ne s'étonnera pas qu'une part significative des découvertes ait lieu dans des régions désertiques, comme le désert de Gobi, ou le Sahara. Ou encore dans l'Utah et les déserts de l'Arctique, comme le Groenland.

Tout cela semble parfaitement logique, mais n'oublions pas pour autant la part laissée au hasard. C'est d'ailleurs la chance qui a mis l'équipe sur la piste de notre poisson intérieur. Nos premières grandes découvertes ne se sont pas produites dans un désert, mais le long d'une route de Pennsylvanie centrale, où les conditions d'exposition n'auraient pu être pires. Le comble, c'est que nous avions été conduits à choisir ce site par manque de fonds.

Aller au Groenland ou au Sahara exige beaucoup de temps et d'argent, mais un projet local ne réclame pas de grosses subventions, juste de quoi payer le péage et l'essence. Pour un jeune étudiant en licence ou un professeur d'université débutant, ce sont là des paramètres essentiels. À mes débuts à Philadelphie, ce qui suscitait notre convoitise, c'était un ensemble de roches connues sous la dénomination collective de Formation du Catskill de

Pennsylvanie, qui fait depuis plus de cent cinquante années l'objet d'études intensives. Son âge est désormais bien connu, elle provient du dévonien supérieur. En outre, ses roches sont idéalement constituées pour la conservation des premiers animaux membrés et de leurs plus proches parents. Pour bien le comprendre, il faut commencer par se faire une idée de ce qu'était la Pennsylvanie au dévonien, et chasser Philadelphie, Pittsburgh ou Harrisburg de son esprit, pour faire place à un paysage évoquant le delta du fleuve Amazone. La moitié orientale de l'État était constituée de montagnes, dont les pentes étaient irriguées de plusieurs cours d'eau s'écoulant d'est en ouest, jusqu'à une grande mer qui s'étendait là où se dresse aujourd'hui Pittsburgh.

Les conditions pour trouver des fossiles ne sauraient être meilleures, si ce n'est que le centre de la Pennsylvanie est aujourd'hui truffé de villes, de forêts et de champs. Les points exposés se trouvent essentiellement là où la voirie de l'État (PennDOT) décide de construire de grandes routes, car elle emploie des explosifs à cet effet. Et lorsqu'on utilise des explosifs, on expose de la roche. Ce n'est certes pas toujours la meilleure exposition qui soit, mais il faut bien s'en contenter. Dans la science à petit budget, on fait avec ce qu'on a.

Par ailleurs, la chance peut aussi prendre un tout autre visage : en 1993, Ted Daeschler est arrivé à l'université de Pennsylvanie pour étudier la paléontologie sous ma supervision. Notre association allait changer sa vie comme la mienne. Nos tempéraments s'accordent à merveille : éternellement en proie à la bougeotte, je ne songe jamais qu'au prochain site à fouiller, alors que Ted, lui, est d'un naturel patient, il sait se poser sur un site pour en déterrer les richesses. Ted et moi nous sommes lancés dans l'étude des roches dévoniennes de Pennsylvanie dans l'espoir de trouver de nouveaux indices sur les origines des membres. Nous avons commencé par nous rendre sur chacun des principaux chantiers routiers de l'est de l'État. À notre grande surprise, très vite, Ted est tombé sur un merveilleux fragment d'épaule. Nous avons nommé son possesseur *Hynerpeton*, ce qui en grec signifierait « petit animal rampant d'Hyner », Hyner, Pennsylvanie, étant la ville la

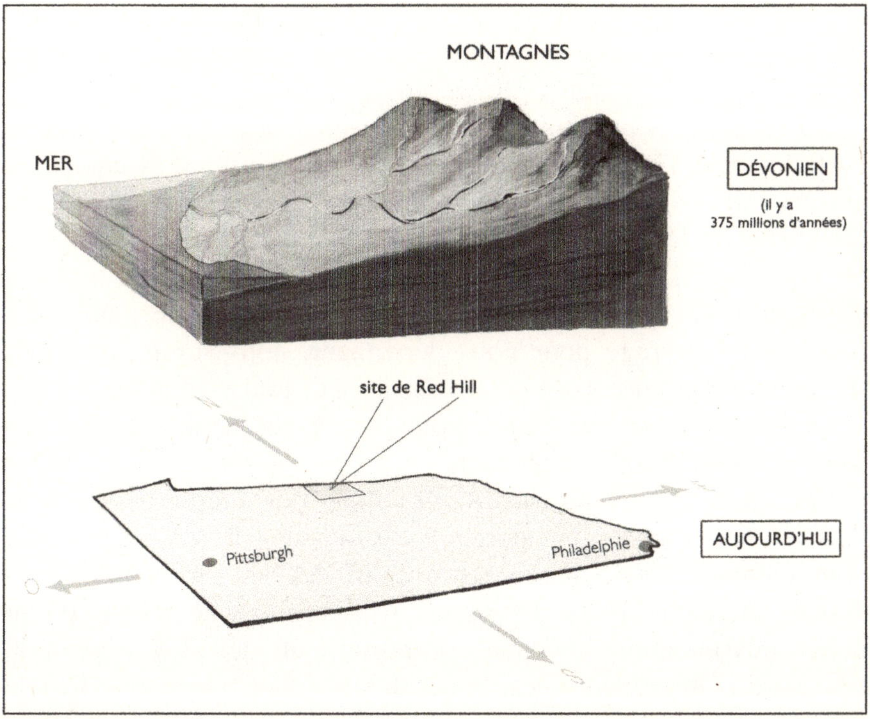

Le long des routes de Pennsylvanie, nous avons observé l'ancien delta d'un fleuve, très ressemblant à celui de l'actuelle Amazone. L'État de Pennsylvanie (bas), et sa topographie au dévonien (haut).

plus proche. L'Hynerpeton est doté d'épaules très robustes, ce qui indique que cette créature possédait probablement des membres puissants. Nous n'avons malheureusement jamais trouvé le reste du squelette. Les lieux d'exposition étaient trop limités. Par quoi ? Vous l'aurez deviné, par la végétation, les maisons et les centres commerciaux.

Après avoir déterré Hynerpeton et d'autres fossiles de ces roches, Ted et moi brûlions de trouver des roches mieux exposées. Si l'ensemble de notre entreprise scientifique allait consister à ne récupérer que bouts et fragments, nous ne pourrions poser que des questions très restrictives. Nous avons donc procédé comme indiqué dans les manuels, et recherché des roches bien exposées, de l'âge et du type requis, dans des régions désertiques. En fait, nous devons sans doute la plus grande découverte de notre carrière à un manuel de géologie élémentaire.

Au départ, pour l'expédition suivante, nous hésitions entre l'Alaska et le Yukon, essentiellement parce que d'autres équipes y avaient fait des découvertes significatives. La question a d'ailleurs fait surgir un léger désaccord autour d'obscurs points de géologie, ce qui, dans l'intensité du moment, a conduit l'un de nous à exhumer d'un tiroir le précieux manuel de troisième année. En feuilletant l'ouvrage pour nous départager, nous sommes tombés sur un schéma qui nous a laissés sans voix : tout y figurait.

La dispute a aussitôt cessé, pour faire place nette à la mise en route d'une nouvelle expédition.

Certaines découvertes préalables dans des roches légèrement plus jeunes nous avaient portés à estimer que le meilleur milieu pour entamer notre chasse serait celui des anciens cours d'eau douce. Or, cette figure distinguait trois régions de roches d'eau douce dévoniennes, chacune comportant un delta. Il y avait la côte est du Groenland. C'est là que Jenny Clack a trouvé le fossile d'une créature membrée très ancienne, l'un des plus vieux tétrapodes connus. Puis il y avait l'est de l'Amérique du Nord, où nous avions déjà travaillé, les terres de l'Hynerpeton. Mais une troisième zone s'étendait d'est en ouest sur l'Arctique canadien. Là, point d'arbres, de poussière ni de villes. Les chances étaient grandes que des roches de l'âge et du type requis y soient particulièrement bien exposées.

Les étendues de l'Arctique canadien étaient déjà bien connues, notamment des géologues et paléobotanistes canadiens qui en avaient établi la cartographie. D'ailleurs, Ashton Embry, le chef des équipes ayant produit l'essentiel de ce travail, avait déclaré que, sur le plan géologique, les roches dévoniennes du Canada étaient à bien des égards similaires à celles de Pennsyslvanie. La seule lecture de cette phrase nous a convaincus Ted et moi de faire nos bagages. Sans doute les leçons durement acquises sur les autoroutes pennsylvaniennes ne seraient-elles pas inutiles à la pointe arctique du Canada.

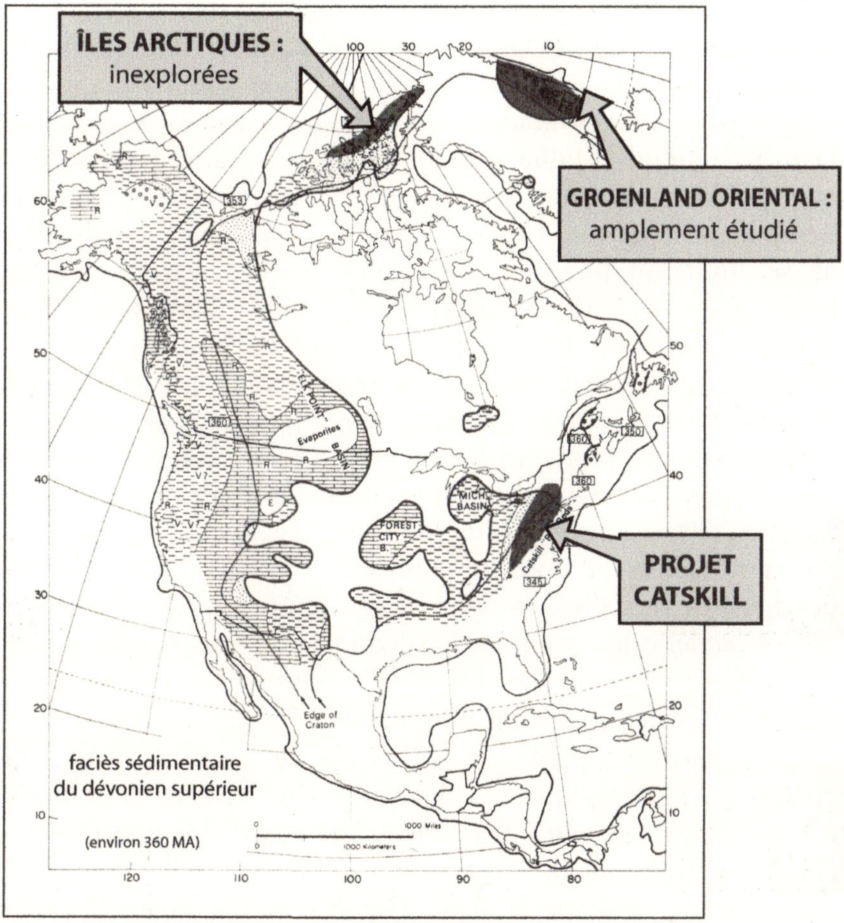

La carte qui a tout déclenché. Cette carte de l'Amérique du Nord résume à elle seule l'objet de nos recherches. Les différents niveaux de gris indiquent le lieu où les roches du dévonien, marines ou d'eau douce, sont affleurantes. Sont signalées trois zones qui furent autrefois des deltas. Établi à partir de la figure 13.1, R.H. Dott et R.L. Batten, *Evolution of the Earth* (New York : McGraw-Hill, 1988). Reproduit avec l'autorisation de McGraw-Hill Companies.

Il est à souligner que les roches de l'Arctique sont plus anciennes encore que les gisements fossilifères du Groenland et de Pennsylvanie. La région répondait donc parfaitement à nos trois critères : l'âge, le type et l'exposition. Mieux, les paléontologues spécialistes des vertébrés n'en connaissant pas l'existence, ils ne l'avaient jamais prospectée.

Les difficultés qui s'annonçaient étaient très différentes de celles que nous avions rencontrées en Pennsylvanie. Là-bas, au bord des autoroutes, nous risquions avant tout de nous faire happer par l'un des innombrables camions lancés à vive allure. Dans l'Arctique, il fallait surtout éviter de se faire dévorer par les ours polaires, de venir à manquer de vivres ou de se retrouver isolés à cause de mauvaises conditions climatiques. La logistique ne se limiterait plus à préparer des sandwiches, à les jeter à l'arrière de la voiture et à filer sur le site. Désormais, chaque journée passée sur le terrain en réclamerait huit de préparatifs, parce que les gisements ne sont accessibles que par voie aérienne et que la base la plus proche se trouve à près de quatre cents kilomètres. Nous ne pouvions transporter que les vivres nécessaires à notre équipe, et un maigre surplus de sécurité. Et puis, par-dessus tout, les restrictions de poids imposées par la capacité de l'appareil signifiaient que nous ne pourrions rapporter qu'une sélection des fossiles recueillis. Ajoutez à ces limitations l'étroite fenêtre durant laquelle les conditions climatiques permettent de travailler en Arctique chaque année, et vous comprendrez à quel point ces nouveaux obstacles étaient intimidants.

Qu'il me soit permis à ce stade de vous présenter mon conseiller pédagogique, le Dr Farish A. Jenkins Jr., diplômé d'Harvard. Ayant passé des années à conduire des expéditions au Groenland, il possédait l'expérience indispensable pour mettre notre convoi sur les rails. Avec Farish, l'équipe était au complet. Trois générations académiques y étaient représentées : Ted, mon ancien élève, Farish, mon conseiller pédagogique, et moi-même nous rendrions en Arctique pour tenter d'y découvrir des traces de la transition du poisson à l'animal terrestre.

Il n'existe pas de manuel du paléontologue appliqué à l'Arctique. Des amis et confrères n'ont pas manqué de nous prodiguer leurs conseils en matière d'équipement, que nous avons complétés par la consultation d'ouvrages, mais nous avons fini par comprendre que rien ne saurait nous préparer à ce que nous allions vivre. Ce sentiment-là n'est sans doute jamais aussi fort que la première fois qu'on se fait déposer par l'hélicoptère sur un territoire oublié de Dieu, quelque part en Arctique, absolument seuls. Notre première pensée va alors aux ours polaires. Je ne saurais dire combien de fois j'ai scruté le paysage à la recherche de taches blanches en mouvement. C'est le genre d'angoisse à facilement vous faire voir des choses qui n'y sont pas. Au cours de la première semaine, l'un des hommes de l'équipe a aperçu un point blanc qui se déplaçait : ça avait l'air d'un ours polaire, à quelque quatre cents mètres de nous. Tels des rois du burlesque, chacun s'est rué dans la plus grande pagaille sur fusils, pistolets d'alarme et sifflets avant de constater que notre ours était en fait un lièvre blanc, à une soixantaine de mètres. En l'absence d'arbres ou de bâtiments favorisant l'évaluation des distances, on perd beaucoup de la perspective.

L'Arctique est un territoire immense et vide. Les roches qui nous intéressaient s'étendent sur environ mille cinq cents kilomètres. Les créatures que nous cherchions mesurent à peu près un mètre vingt. Il s'agissait parfois de dénicher un petit carré de roche susceptible de receler nos fossiles. Les juges qui décident du sort de nos demandes de financement savent souvent se montrer féroces, et c'est précisément ce genre de considération qui leur fait avoir la dent dure. L'un d'eux, chargé du dossier d'une des premières expéditions de Farish au Groenland, avait fort bien résumé la chose. On pouvait lire dans ses commentaires (de façon fort peu cordiale, dois-je dire) que les chances de trouver de nouveaux fossiles dans l'Arctique « sont inférieures à celles de trouver la fameuse aiguille dans sa botte de foin ».

Il nous faudra quatre expéditions sur l'île d'Ellesmere en six ans pour trouver notre aiguille. Autant pour la chance.

Pour que nos recherches aboutissent, il aura fallu essayer, échouer, et apprendre de nos erreurs. Lors de notre campagne de sondages de 1999, nos premiers sites de fouille se situaient à l'extrémité ouest de l'Arctique, dans l'île Melville. Nous l'ignorions encore, mais on nous avait déposés en bordure d'un ancien océan. Les roches regorgeaient de fossiles, et nous avons trouvé de nombreux types de poissons. Le problème, c'est que tous

Notre campement (haut) paraît minuscule dans l'immensité du paysage. Ma résidence d'été (bas) est une petite tente, généralement entourée de tas de cailloux qui la protègent des vents atteignant 80 km/h. Photos de l'auteur.

avaient l'air de créatures des grands fonds, pas vraiment ce qu'on s'attendrait à trouver dans un ruisseau ou un lac susceptibles de donner vie à des animaux terrestres. C'est à partir des commentaires d'Ashton Embry, en 2000, que nous avons décidé de déplacer notre expédition sur l'île d'Ellesmere, qui comportait d'anciens lits de rivière. On n'a pas mis longtemps à trouver des fragments d'arêtes fossilisées, de la taille d'une pièce d'un euro.

Le véritable événement s'est produit à la fin de la campagne 2000. C'était juste avant le dîner, une semaine environ avant la date prévue du retour à la maison. L'équipe avait regagné le campement et vaquait à ses activités de début de soirée : ranger le butin du jour, coucher quelques notes et préparer le repas. Jason Downs, alors jeune étudiant assoiffé de paléontologie, n'était pas à l'heure. Il y avait de quoi s'inquiéter, parce que nous ne sortons d'ordinaire qu'en équipe ; dans le cas contraire, nous déterminons avec les autres l'heure précise du prochain contact. La présence d'ours polaires et l'éventualité de tempêtes aussi fortes que soudaines nous interdisaient le moindre risque. Je nous revois, l'équipe et moi, en proie à une inquiétude croissant seconde après seconde. Nous étions déjà en train d'établir un plan de recherche quand j'ai entendu glisser la fermeture Éclair de la tente. On n'a d'abord vu apparaître que la tête de Jason, les yeux hagards et le souffle court. À peine avait-il pénétré à l'intérieur, nous avons compris qu'il ne s'agissait pas d'une alerte à l'ours blanc ; Jason portait encore son fusil à l'épaule. La vraie raison de son retard nous est clairement apparue lorsqu'il s'est mis à extraire, poignée après poignée, les arêtes fossilisées dont il avait bourré toutes les poches de son manteau, pantalon, chemise et sac à dos. Je crois que, s'il avait pu rentrer nu-pieds, il en aurait rempli ses chaussettes et ses chaussures. Tous ces petits fossiles provenaient de la surface d'un site pas plus grand qu'une place de parking, à quelque mille cinq cents mètres du camp. Le dîner attendrait.

L'été arctique offrant vingt-quatre heures quotidiennes de jour, nous n'avions pas à nous soucier du coucher de soleil. Nous avons donc attrapé quelques barres chocolatées et filé sur le site de Jason. C'était à flanc de colline, entre deux splendides vallées et, ainsi que l'avait constaté Jason, jonché d'un vrai tapis d'arêtes de poissons fossilisées. Nous avons passé quelques heures à ramasser des fragments, prendre des photos et tracer des croquis. Le site semblait correspondre en tout point à ce que nous cherchions. Le lendemain, nous sommes revenus avec un nouvel objectif : déterminer quelle couche précise de roche contenait les arêtes.

Il s'agissait en fait d'identifier la provenance des fragments d'arêtes de Jason – c'était notre seul espoir de trouver un squelette intact. La difficulté tenait à la nature du milieu arctique. Chaque hiver, la température tombe jusqu'à moins quarante degrés. L'été, quand le soleil ne se couche jamais, elle peut atteindre dix degrés. Le cycle de congélation et de décongélation qui en résulte provoque l'émiettement des roches et des fossiles affleurants. Chaque hiver, ils gèlent et se contractent ; chaque été, ils se réchauffent et se dilatent. Des milliers d'années de ce régime finissent par casser les arêtes en morceaux. Le grand brassage des ossements répandus sur la colline ne nous permettait pas d'attribuer leur provenance à une couche sédimentaire précise. Nous avons passé plusieurs jours à suivre les pistes que nous livraient les fragments, à faire des forages d'essai, au point d'en arriver à utiliser notre marteau de géologue comme un bâton de sourcier dans l'espoir qu'il nous indique la tranche de la falaise où affleuraient les arêtes. Au bout de quatre jours, nous avons enfin localisé cette couche, qui contenait d'innombrables squelettes de poissons fossilisés, gisant souvent les uns au-dessus des autres. Leur mise au jour allait nous demander près de deux étés.

Nouvel échec, tous les poissons que nous rencontrions appartenaient à des espèces bien connues, déjà observées sur des sites du même âge en Europe de l'Est. Pour couronner le tout, leur lien de parenté avec les animaux terrestres était assez lointain. En 2004, nous avons décidé d'effectuer une dernière tentative. C'était quitte ou double. Chaque expédition dans l'Arctique entraînait des coûts prohibitifs, et, à moins d'une découverte considérable, il faudrait renoncer pour de bon.

Début juillet 2004, en l'espace de quatre jours, tout a changé. J'étais au bas de la carrière à retourner des cailloux, brisant davantage de glace que de roche lorsque, sous la glace, quelque chose m'est apparu que je n'oublierai jamais : c'était une plaque d'écailles, très différentes de tout ce que nous avions trouvé jusqu'alors à cet endroit. Cette découverte nous a conduits jusqu'à une autre petite protubérance gelée. Ça ressemblait à une

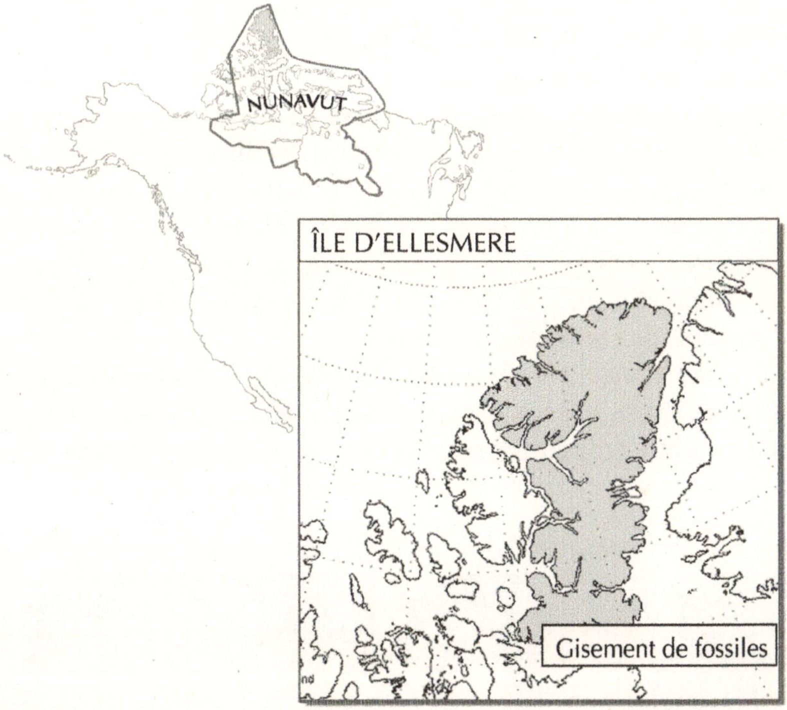

C'est là que nous travaillons : au sud de l'île d'Ellesmere, en territoire nunavut, au Canada, à 1 600 km du pôle Nord.

mâchoire. Mais pas à celle des poissons que j'avais vus jusque-là. Elle semblait profilée pour s'adapter à une tête plate.

Le lendemain, mon collègue Steve Gatesy s'affairait à piocher au sommet de la carrière, lorsqu'il a dégagé un petit caillou de la taille du poing et dégagé le museau d'un animal, droit pointé vers lui. Comme celle de mon poisson gelé au bas de la carrière, sa tête était plate. C'était inédit et important. Et, contrairement à ma prise, celle de Steve était très prometteuse. On ne voyait que la face, mais, avec un peu de chance, le reste du squelette reposait peut-être en sécurité dans la falaise. Steve a passé l'été à le dégager de la roche, par tout petits bouts, de sorte que nous avons pu emporter le squelette entier au laboratoire pour le nettoyer. L'admirable travail qu'il a accompli sur ce spécimen a permis de mettre au jour l'un des plus beaux témoignages jamais découverts de notre passage de la mer à la terre.

Ce que nous avons apporté au laboratoire n'était finalement que des blocs de pierre contenant des fossiles. En deux mois, les laborantins en ont retiré toute la matière sédimentaire, miette par miette, souvent à la main, à l'aide d'instruments de dentiste ou de petites piques. Tous les jours, un nouvel élément de l'anatomie de la créature fossilisée nous apparaissait. Chaque fois ou presque qu'on dégageait un gros tronçon, il nous apprenait quelque chose de l'origine des animaux terrestres.

Ce que nous avons ainsi vu progressivement émerger à l'automne 2004, c'est un magnifique maillon intermédiaire entre le poisson et l'animal terrestre. Entre ces deux catégories, les dif-

La mise au jour d'un fossile commence par la découverte d'une masse incrustée dans la roche, que l'on dépouille ensuite peu à peu. Voici le parcours du fossile depuis le moment où il quitte le terrain pour le laboratoire, où grand soin sera pris pour en faire un spécimen : le squelette d'un nouvel animal. Photos en haut à gauche de l'auteur ; les autres, reproduites avec l'aimable autorisation de Ted Daeschler, Academy of Natural Sciences, Philadelphie.

férences ne manquent pas. La tête des poissons est conique, alors que celle des premiers animaux terrestres ressemblerait plutôt à celle des crocodiles – elle est plate, les yeux sur le dessus. Les poissons n'ont pas de cou : leurs épaules sont rattachées à la tête par un jeu de plaques osseuses. Les premiers animaux terrestres, comme tous leurs descendants, sont dotés d'un cou, qui rend la tête indépendante des épaules.

D'autres caractéristiques importantes les séparent encore. Le corps du poisson est recouvert d'écailles, pas celui des animaux terrestres. Surtout, les poissons possèdent des nageoires, alors que les animaux terrestres sont dotés de membres, avec des doigts, des orteils, des poignets et des chevilles. On pourrait ainsi étendre ces comparaisons sans fin, et dresser la longue liste de tout ce qui distingue le poisson de l'animal terrestre.

Mais voilà que notre poisson effaçait la distinction entre ces deux catégories d'animaux. Comme le poisson, il présentait des écailles sur le dos et des nageoires rayonnées. Mais, comme les premiers animaux terrestres, il possédait une tête plate et un cou. En outre, à l'intérieur des nageoires, on trouvait des os correspondant au bras, à l'avant-bras et même à certaines parties du poignet. Les articulations aussi étaient présentes : ce poisson avait des épaules, des coudes et des articulations du poignet. Le tout dans des nageoires pourvues de rayons.

Globalement, cette créature partage avec les créatures terrestres des caractéristiques très primaires. La forme de l'os supérieur du « bras » du poisson, l'humérus, et les diverses rainures qu'on y voit évoquent aussi bien les poissons que les batraciens. On peut en dire autant de la forme du crâne et des épaules.

Il nous avait fallu six années pour tomber dessus, mais ce fossile confirmait en fait une prédiction de la paléontologie : non seulement ce nouveau poisson était un intermédiaire entre deux types d'animaux, mais nous l'avions en plus localisé *à la période de l'histoire de la Terre* et *dans l'environnement prévus*. La réponse était venue de roches datant de 375 millions d'années, constituées dans d'anciens cours d'eau.

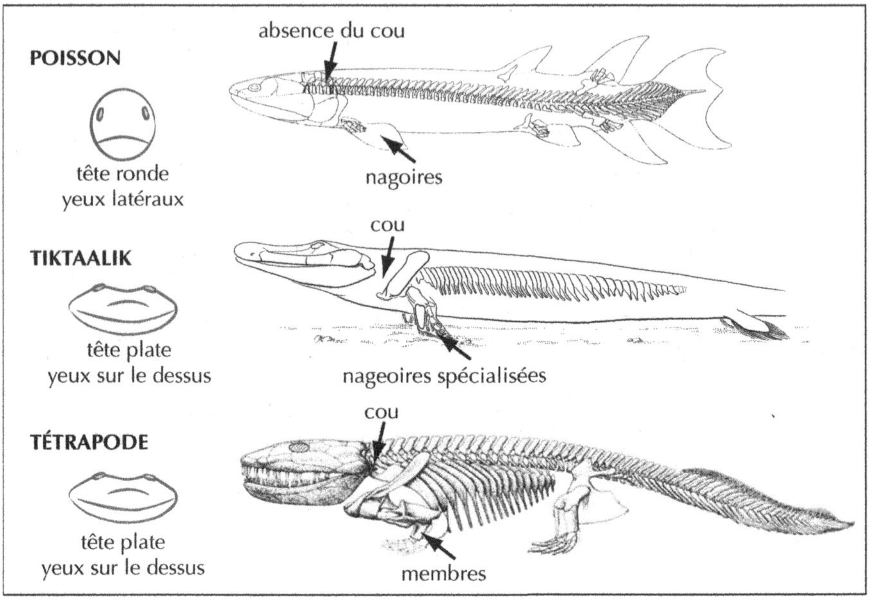

Cette illustration en dit long. *Tiktaalik* est l'intermédiaire entre le poisson et les premiers animaux terrestres.

En tant que découvreurs de la créature, c'est à Ted, Farish et moi-même qu'échoyait le privilège de lui donner un nom scientifique formel. Nous tenions à ce qu'il témoigne du lieu de provenance du poisson, le territoire nunavut en Arctique, ainsi que de notre dette envers le peuple inuit, qui nous avait autorisés à y travailler. Nous avons donc demandé au Conseil nunavut des anciens, l'Inuit Qaujimajatuqangit Katimajiit, de nous soumettre un nom en langue inuktitut. Je redoutais évidemment qu'une assemblée nommée Qaujimajatuqangit Katimajiit nous fasse des propositions imprononçables pour quiconque ne maîtrise pas l'inuktitut. Je leur ai envoyé une photo du fossile, et les anciens nous ont soumis deux noms : *Siksagiaq* et *Tiktaalik*. C'est encore par souci de prononciation que nous avons choisi le second, mais aussi pour sa signification originale : « grand poisson des basses eaux ».

Au lendemain de l'annonce de notre découverte, en avril 2006, *Tiktaalik* faisait la une de plusieurs journaux, et même les gros titres de certains comme le *New York Times*. Ce battage a donné le départ d'une semaine sans égale dans mon existence, habituellement calme. Mais, pour moi, le meilleur de ce tourbillon médiatique n'est pas venu des dessins de presse, ni de la lecture des éditoriaux ou des débats enfiévrés des bloggers. Mais de l'école maternelle de mon fils.

Alors que le tumulte battait son plein, la maîtresse m'a demandé d'apporter le fossile et d'en faire la description. Je me suis fait un devoir de présenter un moulage de Tiktaalik à la classe de Nathaniel, m'attendant toutefois à provoquer un grand désordre. Tout au contraire, cette vingtaine de bambins de quatre et cinq ans ont été sages comme des images pendant que je leur faisais le récit de nos fouilles en Arctique et leur exhibais les dents acérées de l'animal. Puis, je leur ai demandé ce qu'ils pensaient que c'était. Les mains se sont immédiatement levées. Un premier a dit qu'il s'agissait d'un crocodile ou d'un alligator. Comme on lui demandait pourquoi, il a répondu que, comme le crocodile ou le lézard, il avait la tête plate et les yeux sur le dessus. Et de grandes dents, aussi. D'autres enfants ont exprimé leur désaccord. L'un de ceux qui levaient la main m'a dit : « Non, non, ce n'est pas un crocodile, c'est un poisson, parce qu'il a des écailles et des nageoires. » Un autre encore s'est écrié : « C'est peut-être les deux ». Le message de Tiktaalik est si simple qu'il n'échappe pas à des élèves de maternelle.

Pour ce qui nous concerne, Tiktaalik signifie quelque chose de plus profond encore. Ce poisson ne nous parle pas seulement des poissons, il recèle aussi un peu de nous. C'est bien la recherche de ce lien qui m'avait conduit en premier lieu jusqu'en Arctique.

D'où naît ma conviction que ce fossile a quelque chose à raconter de mon propre corps ? Considérons le cou de Tiktaalik. Tous les poissons qui le précèdent étaient dotés d'un jeu d'os rattachant le crâne aux épaules, de sorte que, chaque fois qu'ils tournaient le corps, la tête suivait solidairement. Mais Tiktaalik n'est pas comme ça. Sa tête est totalement libre des épaules, disposition générale qu'il partage avec les batraciens, les reptiles, les oiseaux et les mammifères, humains compris. On peut attribuer

Les os du bras, du poisson jusqu'à l'homme.

l'ensemble de cette évolution à la simple disparition de quelques os chez un poisson tel que Tiktaalik.

L'analyse vaut aussi pour les poignets, les côtes, les oreilles et d'autres éléments de notre squelette – la trace de ces caractéristiques remonte jusqu'à un poisson du type de Tiktaalik. Ce fossile appartient à notre histoire au même titre que les hominidés d'Afrique, comme l'*Australopithecus afarensis*, mieux connu sous le nom de Lucy. L'observation de Lucy nous permet de mieux comprendre notre passé de primates avancés. Celle de Tiktaalik nous parle de notre passé de poissons.

Alors, qu'avons-nous appris jusqu'ici ? Que notre monde est si bien ordonné que l'on peut, à partir d'une simple promenade au zoo, prédire quels types de fossiles gisent dans les différentes couches de roches autour du monde. Ces prédictions peuvent conduire à la découverte de fossiles qui nous parlent d'anciens événements survenus dans l'histoire de la vie. La mémoire de ces événements est scellée en nous, elle constitue une partie de l'organisation de notre anatomie.

Ce que je n'ai pas encore dit, c'est qu'on peut aussi retracer notre histoire en lisant au cœur de nos gènes, dans l'ADN. Cette mémoire du passé ne repose pas que dans les roches du monde ; elle est présente dans chacune de nos cellules. Nous aurons donc recours aux deux, les fossiles et les gènes, pour découvrir notre histoire, celle de la constitution de notre corps.

2

Prise en main

Les images qu'on perçoit au laboratoire d'anatomie de l'école de médecine sont en général indélébiles. Imaginez un peu, c'est là que vous allez passer plusieurs mois à dépecer un corps humain, lambeau après lambeau, organe après organe, tout ça pour assimiler des dizaines de milliers de nouveaux noms et de structures corporelles.

Pendant les mois précédant ma première dissection humaine, j'avais cherché à visualiser d'avance ce qui m'attendait, anticipant sur ma réaction et mon ressenti. Il allait se révéler que cet effort d'imagination ne m'avait aucunement préparé à l'expérience. Lorsque nous avons retiré le drap, quand le corps m'est apparu pour la première fois, cela n'a pas été aussi pénible que je l'aurais cru, loin de là. Nous avons d'abord exposé la poitrine, laissant la tête, les bras et les jambes dans leur enveloppe de gaze imprégnée de conservateur. Les tissus n'avaient pas vraiment l'air humains. Le corps avait été traité de façon à ne pas saigner lorsqu'on l'entaillait, et la peau et les organes avaient une consistance caoutchouteuse. J'ai songé que le cadavre ressemblait davantage à une poupée qu'à un homme. En quelques semaines, nous avons examiné les organes de la poitrine et de l'abdomen. Je me prenais déjà pour un vrai pro ; j'avais vu la plupart des organes internes, et m'étais laissé gagner par une confiance assez téméraire. J'avais mené à bien mes premières dissections, porté mes estafilades, et appris l'anatomie des principaux organes. Tout cela était très mécanique, détaché et scientifique.

Cette apparente aisance a volé en éclats dès l'instant où j'ai vu la main. Quand j'ai retiré la gaze autour des doigts – en apercevant pour la première fois les articulations, le bout des doigts et les ongles – les émotions que je refoulais depuis quelques semaines ont resurgi d'un coup. Il ne s'agissait en aucun cas d'une poupée ou d'un mannequin, mais bien d'une personne autrefois vivante, dont les mains avaient servi à empoigner ou à caresser. D'un coup, l'exercice mécanique de la dissection se trouvait lesté d'une facette émotionnelle profondément personnelle. J'avais été jusque-là totalement insensible à mon rapport au cadavre, dont j'avais pourtant exposé l'estomac, la vésicule, et d'autres organes, mais quel être sensé nouerait un lien d'humanité à la vue d'une vésicule biliaire ?

Qu'y a-t-il dans une main qui paraisse si intrinsèquement humain ? Incontestablement, d'une certaine façon, la main est un lien apparent entre nous ; c'est une signature de notre personne et de ce que nous pouvons appréhender. Notre aptitude à saisir, bâtir et réaliser nos rêves repose tout entière dans ce complexe d'os, de nerfs et de vaisseaux.

Ce qui frappe en premier lieu lorsqu'on voit l'intérieur d'une main, c'est sa compacité. La partie charnue du pouce, l'éminence thénar, comporte à elle seule quatre muscles distincts. Tournez le pouce et inclinez la main : dix muscles et au moins six os œuvrent à l'unisson. Le poignet comporte huit petits os qui bougent l'un contre l'autre. Pliez le poignet, et vous actionnez un certain nombre de muscles naissant dans l'avant-bras et qui se prolongent sous forme de tendons à mesure qu'ils descendent jusqu'à la main. Le plus simple des mouvements suppose l'interaction complexe de multiples éléments assemblés dans un espace très réduit.

Le mélange de complexité et d'humanité que recèle notre main a toujours fasciné les scientifiques. En 1822, l'éminent chirurgien écossais sir Charles Bell a écrit un classique de son anatomie. Le titre en est éloquent : *La main, son mécanisme et ses aptitudes vitales en tant que dessein évident* (*The Hand, Its Mechanism and Vital Endowments as Evincing Design*). Bell jugeait « parfaite » la structure de la main parce que complexe et idéalement adaptée à notre mode de vie. Pour lui, une telle perfection ne pouvait avoir d'origine que divine.

Le grand anatomiste sir Richard Owen, lui, a été l'un des chefs de file des scientifiques à la recherche de l'ordre divin au sein du corps. Il a eu la chance d'exercer au milieu du XIXe siècle, quand il restait encore au bout du monde des familles entières d'animaux à découvrir. À mesure que les Occidentaux visitaient des régions jusqu'alors inexplorées, des créatures exotiques de tout type ont rempli les laboratoires et musées. Owen a ainsi décrit le premier gorille, ramené d'une expédition en Afrique centrale. C'est aussi à lui qu'on doit le terme « dinosaure », créé pour désigner une créature fossilisée trouvée dans la roche en Angleterre. L'observation de ces animaux bizarres lui a ouvert de nouvelles perspectives : peu à peu lui sont apparus d'importants motifs dans ce que l'on considérait encore comme le chaos de la diversité de la vie.

Owen a découvert que nos bras et nos jambes, nos mains et nos pieds, s'inscrivent dans un schéma plus général. Il est parti de ce que les anatomistes savaient de longue date, que le squelette d'un bras humain répond à un agencement particulier : un os dans la partie supérieure, deux dans l'avant-bras, un bouquet de neuf petits os aux poignets, et une série de cinq tiges constituant les doigts. Le schéma osseux de la jambe est à peu près similaire : un os, deux os, un paquet d'osselets, et cinq orteils. C'est en comparant ce schéma avec les divers squelettes trouvés dans le monde qu'Owen a fait un remarquable constat.

Le génie d'Owen n'est pas de s'être attardé sur les dissemblances existant entre ces squelettes. Au contraire, ce qu'il a relevé, puis abondamment divulgué à travers conférences et écrits, c'est la présence d'*exceptionnelles ressemblances* entre des créatures aussi distinctes que la grenouille et l'homme. Toutes les créatures dotées de membres, qu'il s'agisse d'ailes, de nageoires ou de mains, partagent la même conception. Un os, l'humérus pour le bras ou le fémur pour la jambe, est articulé à deux autres, eux-mêmes joints à une série de petits osselets, à leur tour connectés aux doigts ou aux orteils. On retrouve ce schéma dans l'architecture de tous les membres, quels qu'ils soient. Vous voulez fabriquer une aile de chauve-souris ? Faites de très longs doigts. Un cheval ? Allongez les doigts et les orteils centraux, raccourcissez les autres jusqu'à les effacer. Une patte de grenouille ? Allongez les os et fusionnez-en certains. Tout ce qui distingue entre elles les créatures ne tient qu'à des variations de forme et de taille des os, du nombre d'osselets, de doigts et d'orteils. Malgré la grande diversité de leurs fonctions et de leur apparence, tous les membres, quels qu'ils soient, présentent ce schéma sous-jacent.

Pour Owen, découvrir la présence d'un dessein dans les membres n'était qu'un début : l'observation de crânes et de colonnes vertébrales, de toute l'architecture du corps en fait, l'a mené au même constat. Le squelette des animaux obéit à un schéma fondamental. Grenouilles, chauve-souris, humains et lézards sont autant de variations sur un même thème. Ce thème, aux yeux d'Owen, était le projet du Créateur.

Peu après qu'Owen eut livré ses observations dans la célèbre monographie intitulée *De la nature des membres*, Charles Darwin apportait à tout cela une explication fort élégante. Si l'aile de la chauve-souris et le bras de l'homme partagent la même structure, c'est qu'ils ont un ancêtre commun. Le même raisonnement vaut pour le bras de l'homme et l'aile de l'oiseau, la jambe humaine et la patte de la grenouille – tout ce qui possède des membres. La théorie d'Owen et celle de Darwin présentent une différence de taille : celle de Darwin permet d'établir des prédictions très précises. Si l'on suivait Darwin, il fallait s'attendre à découvrir que le schéma originel d'Owen possédait une histoire, lisible jusque dans les créatures totalement dénuées de membres. Où trouver alors cette histoire du schéma de nos membres ? Dans les poissons, et le squelette de leurs nageoires.

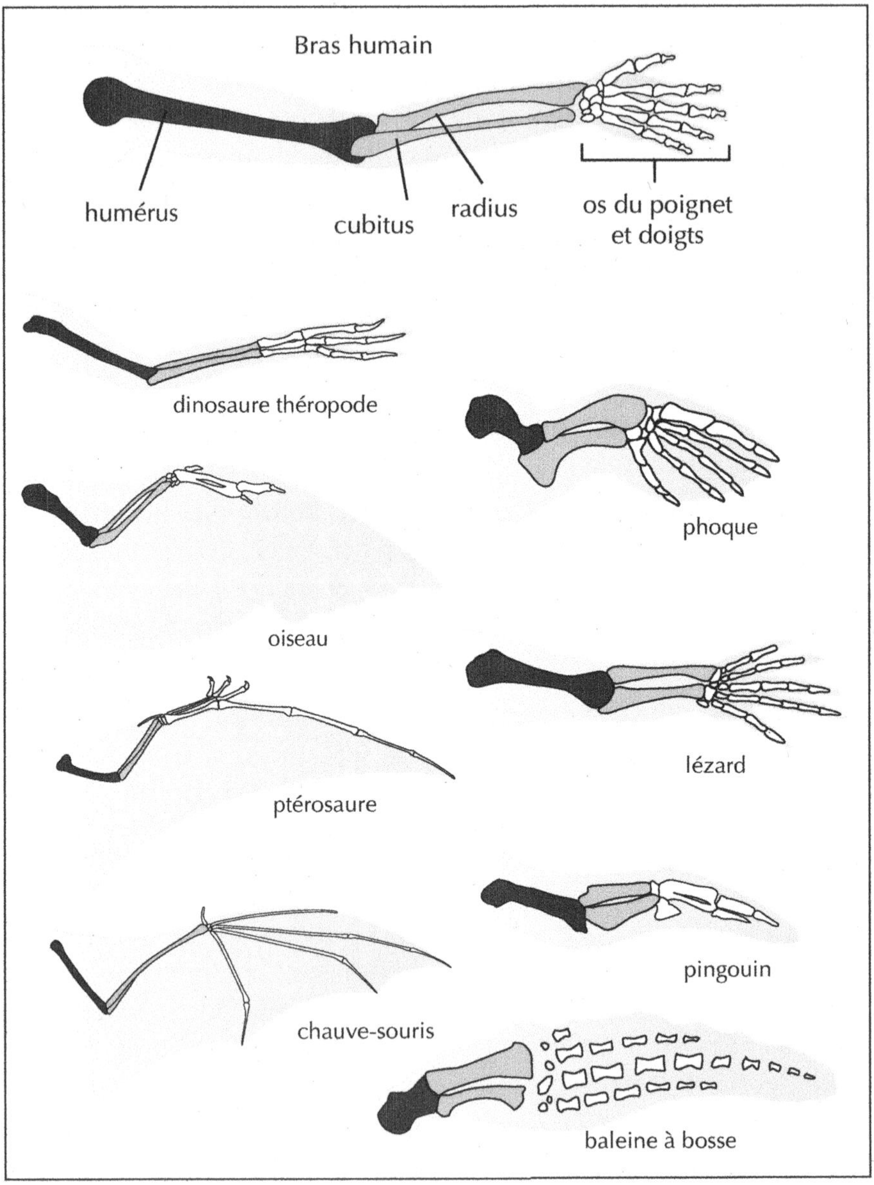

Schéma commun à tous les membres : un os, suivi de deux os, puis de petits osselets et les doigts ou les orteils.

Voir le poisson

Au temps d'Owen et de Darwin, rien ne paraissait devoir combler le fossé entre nageoires et membres, qui n'ont à première vue rien de commun entre eux. À l'extérieur, la plupart des nageoires de poisson sont essentiellement composées de rayons. Nos membres, eux, pas plus que ceux de toute créature aujourd'hui vivante, ne présentent rien de tel. La chose ne devient pas plus évidente lorsqu'on retire les rayons pour voir ce qu'il y a derrière. Chez la plupart des poissons, il n'y a rien qui puisse ressembler au schéma d'Owen, un os, deux os, un paquet d'osselets et des doigts. Les membres sont invariablement dotés d'un long os unique à la base : l'humérus pour le bras et le fémur pour la jambe. Chez le poisson, le squelette paraît profondément différent. La base d'une nageoire ordinaire comporte quatre os ou plus.

Mais, au milieu du XIXe siècle, on a commencé à entendre parler de mystérieux poissons peuplant les mers australes, et dont l'un des premiers exemplaires a été découvert par des anatomistes allemands en Amérique du Sud. Il ressemblait à un poisson normal, avec nageoires et écailles, sauf que derrière sa gorge se trouvaient de grosses poches vasculaires : des poumons. La bête était pourtant bien dotée de nageoires et d'écailles. La confusion des découvreurs était telle qu'ils l'ont baptisée *Lepidosiren paradoxa*, « batracien paradoxalement doté d'écailles ». Bientôt, on a trouvé d'autres exemplaires de ce poisson porteur de poumons, le dipneuste, en Afrique et en Australie. Des explorateurs en ont rapporté un d'Afrique à Owen. Pour des scientifiques comme Thomas Huxley ou l'anatomiste Carl Gergenbaur, le dipneuste était probablement le fruit du croisement entre un poisson et un batracien. Quant aux autochtones, ils les trouvaient tout bonnement délicieux.

Mais une particularité apparemment anodine de la nageoire de ces poissons allait profondément marquer la science. À la base, un os unique est rattaché à l'épaule. Pour les anatomistes, le rapprochement était évident. La partie supérieure de notre bras ne comporte qu'un os, l'humérus, rattaché à notre épaule. Avec le dipneuste, on a un poisson pourvu d'un humérus. Et, curieusement, ce n'est pas un poisson comme les autres ; il est également doté de poumons. Simple coïncidence ?

Alors que se succédaient les découvertes de nouvelles espèces de ce type, des indices se sont mis à provenir d'une autre source. Vous l'aurez deviné, il s'agissait des poissons du passé.

L'un de ces premiers fossiles est parvenu des côtes de la péninsule de Gaspé, au Québec, extrait de roches datant d'environ 380 millions d'années. Ce poisson, auquel on a donné un nom à s'emmêler la langue, *Eusthenopteron*, présentait un étonnant mélange de caractéristiques propres aux poissons et aux batraciens. Du schéma défini par Owen, « un os, deux os, paquet d'osselets, doigts », il possédait le commencement, un os, deux os, mais dans une nageoire. Certains poissons étaient donc pourvus d'une structure semblable à celle des membres. L'archétype d'Owen n'était pas une propriété divine et immuable du vivant. Il procédait d'une histoire, lisible dans les roches du dévonien, entre 390 et 360 millions d'années. Cette révélation a bouleversé l'ensemble de la recherche, et redéfini ses missions : quelque part dans les roches du dévonien, on trouverait l'origine des doigts et des orteils.

Vers 1920, la roche a accouché de nouvelles surprises. Un jeune paléontologue suédois, Gunnar Save-Soderbergh, a eu l'occasion rare d'explorer la côte orientale du Groenland, à la recherche de fossiles. Ces terres demeuraient inconnues, mais Save-Soderbergh avait compris qu'elles recelaient d'immenses dépôts de roches dévoniennes. C'est l'un des plus grands paléontologues de l'histoire, à qui l'esprit d'exploration et le souci du détail ont permis de mettre à profit sa brève carrière pour découvrir des fossiles remarquables (il a tragiquement succombé à la tuberculose peu après l'aboutissement de ses expéditions). Entre 1929 et 1934, l'équipe de Save-Soderbergh a découvert ce qui passait alors pour un chaînon manquant de premier plan. Les journaux du monde entier ont fait le récit de sa découverte ; des éditorialistes en ont expliqué l'importance ; les dessinateurs s'en sont donné à cœur joie. Les fossiles en question étaient de vraies mosaïques : ils avaient la tête et la queue du poisson, mais aussi des membres entièrement constitués (avec doigts et orteils), et des vertèbres extrêmement semblables à celles des batraciens. À la mort de Save-Soderbergh, c'est son ami et collègue Erik Jarvik qui s'est chargé de les décrire, nommant l'une de ces nouvelles espèces *Ichtyostega soderberghi* en hommage à son ami disparu.

Pour ce qui nous concerne ici, l'*Ichtyostega* s'avère quelque peu décevant. De nombreux aspects de sa tête et de son dos en font sans doute un remarquable maillon intermédiaire, mais il n'a pas grand-chose à nous apprendre des origines des membres parce que, comme tout batracien, il possède déjà des doigts et des orteils. Un autre animal, qui n'a pas beaucoup éveillé d'attention lorsque Save-Soderbergh en a fait la présentation, a apporté quant à lui de réelles avancées plusieurs décennies plus tard. Ce deuxième animal membré a conservé tout son mystère jusqu'en 1988, lorsqu'une de mes collègues paléontologues, Jenny Clack, que nous avons rencontrée au premier chapitre, est retournée sur les sites de Save-Soderbergh pour exhumer d'autres exemplaires fossilisés. La bête, nommée *Acanthostega* dans les années 1920 sur la foi des échantillons recueillis par Save-Soderbergh, exhibait désormais des membres complets, avec doigts et orteils. Mais elle recelait aussi une réelle surprise pour Jenny : le membre avait une forme de nageoire quasiment identique à celles du phoque. Ce qui prêtait à penser que les premiers membres seraient initialement apparus pour favoriser la nage, pas la marche. C'était une avancée considérable, mais un problème demeurait : Acanthostega possédait des membres pleinement formés, avec un vrai poignet et sans rayonnage. Acanthostega possédait des membres, si primaires soient-ils. Pour retracer l'origine des mains, des pieds, des poignets et des chevilles, il faudrait donc remonter plus haut dans le temps. Et les choses en sont restées là jusqu'en 1995.

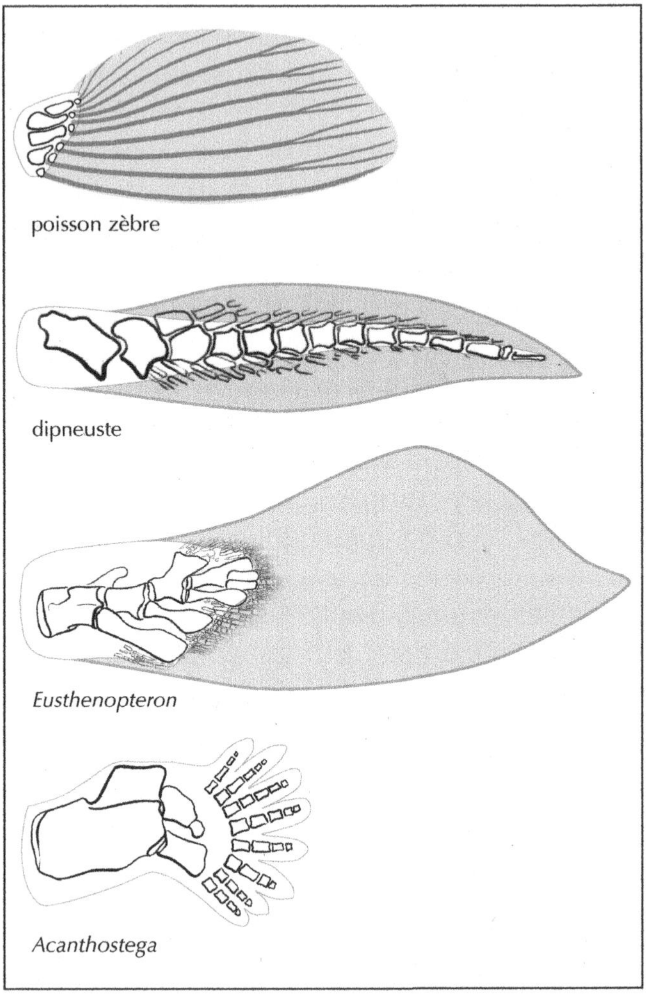

Les nageoires de la plupart des poissons (comme le poisson zèbre ci-dessus) sont dotées de nombreux rayons et de beaucoup d'os à la base. Le dipneuste a frappé l'imagination parce que, comme nous, il ne possède à la base de son appendice qu'un os. Avec l'*Eusthenopteron* les fossiles ont commencé à combler un vide ; il possède des os comparables à notre haut du bras et avant-bras. L'*Acanthostega* possède déjà doigts et orteils mais, à la base, le squelette du membre présente un schéma osseux similaire à celui d'*Eusthenopteron*.

À la recherche de doigts et de poignets de poisson

En 1995, Ted Daeschler et moi avons sillonné le centre de la Pennsylvanie à la recherche de nouveaux chantiers routiers. Sur la route n° 15, au nord de Williamsport, PennDOT, la voirie locale, avait ouvert une immense falaise de grès datant de quelque 365 millions d'années. De la dynamite avait été employée, et il restait des tas de gravats sur le bord de l'autoroute. C'était pour nous un terrain de chasse idéal, alors nous nous sommes arrêtés pour crapahuter sur les blocs de roche, dont la plupart faisaient à peu près la taille d'une petite valise. Certains étaient parsemés d'écailles de poisson, aussi avons-nous décidé d'en ramener plusieurs à Philadelphie. À notre arrivée chez Ted, Daisy, sa petite fille de quatre ans, s'est précipitée vers son papa en demandant ce que nous avions trouvé.

Comme nous lui montrions l'un de nos blocs, nous avons constaté qu'il émergeait de la roche un fragment de nageoire d'un grand poisson, ce qui nous avait totalement échappé sur place. Nous ne tarderions pas à découvrir qu'il ne s'agissait pas d'une nageoire ordinaire : elle comportait très distinctement de nombreux os. Il a fallu près d'un mois au personnel du laboratoire pour la dégager – et là, pour la première fois, nous nous sommes trouvés face à un poisson doté du schéma d'Owen. Rattaché au corps se trouvait un os. Cet os unique était lui-même relié à deux autres. Puis, une huitaine de baguettes en éventail complétaient la nageoire. Cela ressemblait à s'y méprendre à un poisson pourvu de doigts.

Notre nageoire comportait encore un jeu complet de rayons, d'écailles et même un genre d'épaule de poisson, mais plus profond se trouvaient des os correspondant globalement à un membre « standard ». Nous ne disposions malheureusement que d'une seule nageoire, isolée. Il fallait trouver un site propice à la découverte de squelettes complets et intacts. Une seule nageoire ne nous permettrait pas de répondre aux grandes questions qui se posaient : quel usage la créature avait-elle de ses nageoires, et les

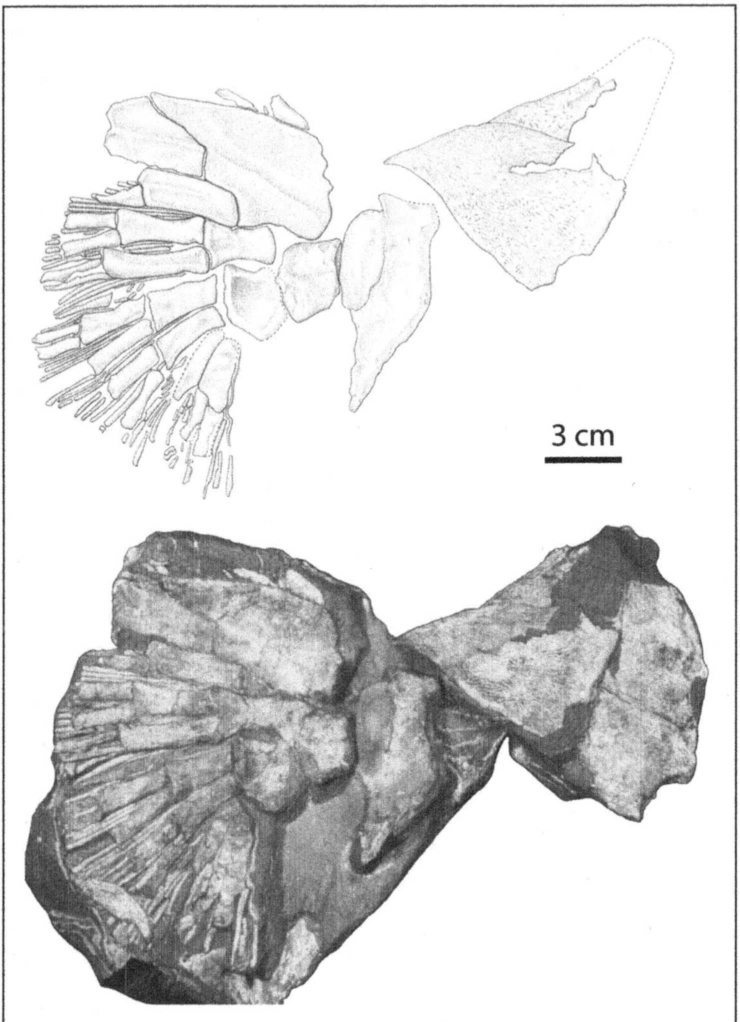

Notre intrigante nageoire. Malheureusement, nous n'avons trouvé que ce spécimen isolé. Schéma en pointillé reproduit avec l'autorisation de Scott Rawlins, Arcadia University. Photo de l'auteur.

os et articulations fonctionnaient-ils comme les nôtres ? La réponse ne pourrait venir que de squelettes complets.

Cette découverte-là demanderait près de dix ans de recherches. Et je n'aurai même pas été le premier à reconnaître ce que nous étions en train d'observer. Ce sont deux préparateurs professionnels de fossiles, Fred Mullison et Bob Masek qui ont eu ce privilège. Avec ses instruments de dentiste, le préparateur gratte les cailloux que nous rapportons du terrain jusqu'à dégager les fossiles qu'ils contiennent. Transformer un gros bloc comme le nôtre en beau spécimen d'une qualité conforme aux standards de la recherche peut lui prendre des mois, voire des années.

Au cours de l'expédition de 2004, nous avons recueilli trois gros blocs – toujours de la taille d'une valisette – de roche dévonienne de l'île d'Ellesmere. Chacun contenait un animal à tête plate : il y avait celui que j'avais trouvé dans la glace au bas de la carrière, le spécimen de Steve, et un troisième, découvert la dernière semaine de notre expédition. Sur le terrain, nous avions dégagé chaque tête, en laissant autour une quantité de pierre suffisante pour pouvoir y chercher le reste du corps en laboratoire. Après quoi nous avons coulé les blocs dans le plâtre afin de les protéger pendant le trajet de retour. Une fois au laboratoire, l'ouverture de ces coques de plâtre avait quelque chose de l'exhumation d'une capsule temporelle. Des fragments de notre séjour dans la toundra arctique faisaient irruption dans la pièce, accompagnés des annotations et gribouillages dont nous affublons les spécimens. En éventrant ces emballages de plâtre, on a même retrouvé l'odeur de la toundra.

Chacun de son côté – Fred, à Philadelphie, et Bob, à Chicago – s'est attelé à gratter l'une de ces parcelles d'Arctique. Bob en a extrait un petit os très particulier appartenant à la grande nageoire de notre poisson (nous ne l'avions pas encore nommé Tiktaalik). Ce petit cube d'os de nageoire se distinguait de tous les autres par le fait qu'il était pourvu à l'extrémité d'une articulation laissant deviner l'emplacement de quatre os supplémentaires. C'est-à-dire que ce bout d'os ressemblait furieusement à l'os d'un poignet – mais les fragments de nageoire du caillou sur lequel s'affairait Bob étaient trop disparates pour qu'on puisse en être certain. L'indice suivant est venu une semaine plus tard, de Philadelphie. Véritable magicien de la roulette de dentiste, Fred avait dégagé de son caillou une nageoire entière. À l'endroit précis escompté, juste au bout des os de l'avant-bras, le poisson présentait bien *cet os-là*. Et *cet os-là* était lui-même rattaché à quatre autres. Dans ce poisson vieux de 375 millions d'années, nous contemplions l'origine d'un élément de notre propre corps. Nous tenions un poisson doté d'un poignet.

Au cours des mois qui ont suivi, nous avons pu dégager l'essentiel du reste de l'appendice. Il était en partie nageoire, en partie membre. Notre poisson possédait des rayons, mais, derrière, apparaissait une version primaire du schéma d'Owen « un os, deux os, paquet d'osselets, plusieurs os ». C'était conforme à la prédiction de Darwin : à l'époque et à l'endroit prévus, nous avions trouvé des représentants d'un chaînon intermédiaire entre deux animaux apparemment très différents.

Cette nageoire n'était que la première de nos découvertes. Pour Ted, Farish et moi, le meilleur a vraiment commencé lorsque nous avons cherché à comprendre l'usage et le fonctionnement de cette nageoire, et qu'il a fallu imaginer ce qui en premier lieu avait bien pu déclencher le développement d'un poignet. La réponse à ces énigmes repose dans la structure des os et des articulations proprement dits.

Alors que nous isolions la nageoire de Tiktaalik, nous avons constaté un fait vraiment remarquable : la surface de toutes les articulations était particulièrement bien préservée. L'épaule, le coude et le poignet de Tiktaalik sont composés des mêmes os qu'un haut du bras, un avant-bras et un poignet humains. En étu-

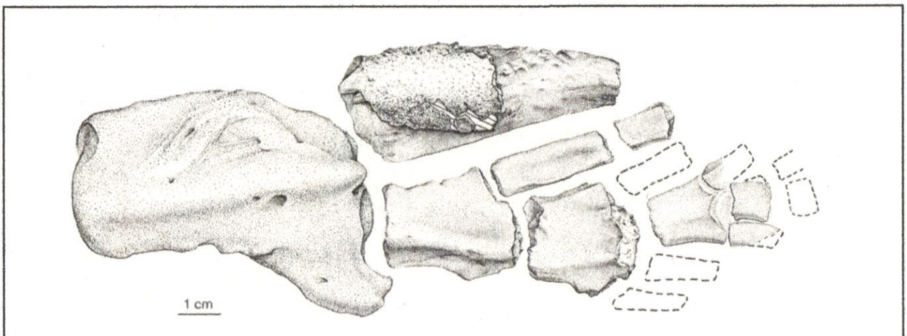

Les os de la nageoire pectorale de *Tiktaalik*, un poisson doté d'un poignet.

diant la structure des articulations pour comprendre le mouvement d'un os par rapport à l'autre, nous avons conclu que Tiktaalik possédait un talent assez extraordinaire : il était capable d'effectuer des tractions.

Lors de tractions, ce que nous appelons familièrement des « pompes », nos mains reposent à plat sur le sol, les coudes sont pliés, et nous contractons les pectoraux pour monter et descendre. Le corps de Tiktaalik était capable de tout cela. Son coude pliait comme le nôtre, et son poignet était flexible au point de permettre à ce poisson de poser sa « paume » à plat sur le sol. Quant aux muscles pectoraux, Tiktaalik en était sans doute abondamment pourvu. Lorsqu'on observe l'épaule et le dessous de l'os du bras, on constate la présence de crêtes et de rainures volumineuses correspondant aux points d'attache des pectoraux. Tiktaalik savait donc bien faire des pompes.

Mais quel intérêt aurait donc un poisson à faire des pompes ? Examinons l'animal dans son ensemble. Avec sa tête plate, ses yeux sur le dessus, et ses côtes, Tiktaalik était profilé pour ramper sur les fonds des basses eaux des ruisseaux ou des mares, et même patauger dans les pentes boueuses des berges. Pour un poisson appelé à manœuvrer dans ce genre de milieu, des nageoires capables de supporter le poids du corps n'avaient rien de superflu. Cette interprétation concorde avec la géologie du site où nous avons trouvé les fossiles de Tiktaalik. La structure des couches sédimentaires et la trame des grains de la roche proprement dite présentent la signature caractéristique des dépôts formés par un cours d'eau peu profond flanqué de larges pentes boueuses saisonnières.

Déjà, pourquoi diable habiter ce genre d'environnement ? Qu'est-ce qui a pris les poissons de vouloir sortir de l'eau, ou même d'en occuper la marge ? Qu'on y songe : chacun des poissons peuplant ces cours d'eau il y a 375 millions d'années était un prédateur d'un genre ou d'un autre. Certains mesuraient jusqu'à cinq mètres de long, près de deux fois la taille de Tiktaalik. Le poisson le plus commun dans l'entourage de Tiktaalik mesurait plus de deux mètres et avait la tête comme un ballon de basket.

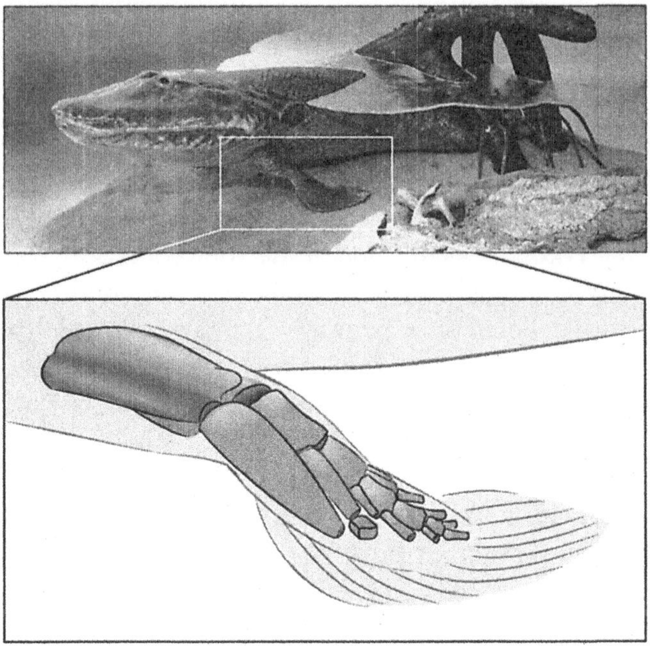

Maquette grandeur nature de *Tiktaalik* (haut) et de sa nageoire (bas). Les os de la nageoire sont la réplique exacte des originaux. L'épaule, le coude et le protopoignet lui permettaient d'accomplir un genre de traction.

Ses dents étaient des piques de la taille d'un clou de chemin de fer. Tout bien considéré, il n'y avait pas beaucoup de raisons de s'attacher à rester dans ces cours d'eau.

On peut dire sans exagération que, dans cet univers-là, le poisson était un loup pour le poisson. Et les stratégies de survie étaient somme toute assez simples : on pouvait se doter d'une grosse, vraiment grosse armure, ou alors sortir de l'eau. Il semble que notre ancêtre éloigné ait choisi d'éviter le combat.

Ce refus de combattre a eu de très profondes répercussions sur nous. Nous pouvons aujourd'hui faire remonter une bonne part de la structure de nos propres membres aux nageoires de ces poissons. Pliez le poignet en avant et en arrière. Ouvrez et fermez la main. Les articulations que vous actionnez sont apparues dans les nageoires de poissons tels que Tiktaalik. Avant eux, elles n'existaient pas. Après, on les retrouve dans les membres.

Si l'on suit le fil menant de Tiktaalik aux batraciens, puis à différents types de reptiles, jusqu'aux mammifères, une chose apparaît clairement : la première créature jamais dotée des os du haut de nos bras, de nos avant-bras, de nos poignets et même de nos paumes, était également dotée d'écailles et de rayons de nageoire. Cette créature était un poisson.

Qu'en est-il alors du schéma « un os, deux os, paquet d'osselets et doigts », attribué par Owen au Créateur ? Certains poissons, comme le dipneuste, possèdent l'os unique de base. D'autres, comme l'Eusthenopteron, possèdent le premier os, et les deux suivants. Puis il y a les créatures comme Tiktaalik, qui ont un os, deux os, et le paquet d'osselets. Ce n'est pas un poisson, qu'on retrouve à l'intérieur de nos membres, mais tout un aquarium. Le modèle d'Owen a servi à fabriquer les poissons.

Si Tiktaalik était capable de faire des pompes, jamais il n'aurait pu lancer une balle, jouer du piano ou marcher sur deux jambes. Un long cheminement sépare encore Tiktaalik de l'humanité. L'essentiel, qui ne manque pas de surprendre, tient à ceci : la plupart des os qu'utilise l'homme pour marcher, lancer ou saisir, apparaissent chez l'animal des dizaines, des centaines de millions d'années plus tôt. On trouve les premiers éléments de la partie supérieure de nos bras et de nos jambes chez des poissons d'il y a 380 millions d'années, comme l'Eusthenopteron. Tiktaalik, lui, nous dévoile les premières étapes de l'évolution de nos poignets, de nos paumes et de la région de nos doigts. Les premiers doigts et orteils véritables apparaissent pour leur part chez des batraciens d'il y a 365 millions d'années, comme l'Acanthostega. Enfin, on trouve le jeu complet des osselets du poignet et de la cheville chez des reptiles de plus de 250 millions d'années. Le squelette basique de nos mains et de nos pieds s'est progressivement constitué sur des centaines de millions d'années, d'abord chez le poisson, puis chez les batraciens et les reptiles.

Mais alors, quelles grandes modifications nous ont permis de nous servir de nos mains ou de marcher sur deux jambes ?

Comment s'effectuent les transformations de ce genre ? Pour y répondre, considérons deux exemples de membres.

À l'instar de beaucoup de mammifères, nous, humains, avons l'aptitude de tourner le pouce par rapport au coude. Cette simple fonction est essentielle à l'usage quotidien de nos mains. Imaginez ce que serait manger, écrire ou lancer une balle sans pouvoir tourner la main indépendamment du coude. Nous devons cette faculté au fait qu'un os de l'avant-bras, le radius, tourne autour d'un pivot à la jointure du coude, dont la physionomie est idéalement adaptée à ce mouvement. L'humérus, l'os du haut du bras, est pourvu à son extrémité d'une boule. Le bout du radius qui s'y rattache est composé d'une merveilleuse petite cavité parfaitement adaptée à la boule. Cette constitution permet les mouvements rotatifs de la main, qu'on appelle pronation et supination. Où trouve-t-on les origines de cette particularité ? Chez des animaux du type de Tiktaalik, dont l'humérus se termine par un renflement allongé auquel vient s'adapter la jointure en creux du radius. Lorsque Tiktaalik pliait le coude, l'extrémité du radius tournait, ou plutôt effectuait un mouvement de pronation, par rapport au coude. On rencontre des versions affinées de cette aptitude chez les batraciens et les reptiles, dont l'humérus s'achève par une vraie boule, très semblable à la nôtre.

Concernant les membres postérieurs, nous partageons avec d'autres mammifères l'une des caractéristiques essentielles permettant la marche. À la différence des poissons et des batraciens, nos coudes et genoux se plient en sens opposé. C'est un élément déterminant – imaginez marcher avec les genoux tournés vers l'arrière. Il en va tout autrement pour des poissons comme l'Eusthenopteron, dont les coudes et les genoux, ou ce qui en tient lieu, sont à peu près orientés dans le même sens. Cette inversion des coudes et des genoux, indispensable à notre façon de marcher, survient au cours du développement dans l'utérus. À l'entame de la croissance, nos petits membres sont orientés à la façon de l'Eusthenopteron, coudes et genoux dans le même sens. Petit à petit les uns et les autres pivotent pour aboutir à la physionomie que nous connaissons.

Notre démarche de bipèdes, très distincte de celle, rampante, de créatures comme Tiktaalik, suppose des mouvements de la hanche, des genoux, des chevilles et des os du pied qui nous propulsent vers l'avant en position verticale. La posture de la hanche constitue une différence essentielle. Contrairement à celles du crocodile, des batraciens, ou même du poisson, nos jambes ne se projettent pas sur le côté, mais sous le corps. Cette différence de position est venue de changements à l'articulation de la hanche, du bassin et de la partie supérieure de la jambe : notre bassin a adopté une forme évasée, la cavité articulaire de la hanche s'est creusée, le fémur a acquis son encolure si caractéristique, qui lui permet de se projeter sous le corps plutôt que sur le côté.

Ces faits de notre histoire ancienne signifient-ils que l'humain n'aurait rien d'unique ou de spécial par rapport aux autres animaux ? Non, bien sûr. D'ailleurs, connaître quelque chose aux origines profondes de l'humanité ne fait qu'ajouter au caractère remarquable de notre existence : l'ensemble de nos aptitudes extraordinaires provient de composants de base qui ont évolué au sein d'anciens poissons et d'autres créatures. À partir de ces éléments communs s'est façonnée une construction tout à fait unique. Nous ne sommes pas dissociés du reste du vivant ; nous en faisons partie jusqu'au fin fond du squelette et, comme nous n'allons pas tarder à le découvrir, de nos gènes.

Tout compte fait, le moment où, pour la première fois, j'ai vu le poignet d'un poisson, a été aussi riche de sens que celui où, pour la première fois, j'ai déballé les doigts d'un cadavre au laboratoire d'anatomie. Dans un cas comme dans l'autre, je découvrais un lien profond entre mon humanité et un autre être.

3

La génétique à portée de main

En juillet 2004, alors que mes collègues et moi nous trouvions dans l'Arctique en train d'exhumer le premier Tiktaalik, Randy Dahn, chercheur dans mon laboratoire, réalisait des expériences génétiques sur des embryons de requin et de raie, dans le sud de Chicago. Peut-être vous a-t-il déjà été donné de croiser la petite poche protectrice noire des œufs de ces poissons, l'oothèque, déposée sur une plage. Cette enveloppe a contenu un œuf avec son « jaune », le vitellus, qui s'est ensuite transformé en embryon. Randy a consacré des centaines d'heures, étalées sur plusieurs années, aux embryons que contiennent ces poches, souvent largement après minuit. À l'été fatidique 2004, la tâche de Randy consistait à récupérer ces enveloppes, et injecter une version moléculaire de la vitamine A dans les œufs. Après quoi, il les laissait se développer plusieurs mois jusqu'à éclosion.

On s'étonnera sans doute qu'un étudiant à l'aube d'une carrière prometteuse consacre le meilleur moment de l'année à pareille occupation. Pourquoi les requins ? Pourquoi une forme de vitamine A ?

Pour comprendre le sens de ces expériences, il faut prendre un peu de recul et se demander ce qu'elles entendent expliquer. L'objet central du présent chapitre, c'est la recette, inscrite dans notre ADN, qui sert à fabriquer notre corps à partir d'un œuf unique. Lorsque le sperme fertilise l'œuf, ce dernier ne contient pas de minuscule main, par exemple. La main s'élabore à partir des informations qui, elles, sont contenues dans cette cellule unique. Ce qui soulève un problème très profond. Comparer les os de notre main à ceux des nageoires de poisson est une chose. Mais qu'advient-il lorsqu'on compare la recette génétique qui préside à l'élaboration de nos mains avec celle qui donne la nageoire du poisson ? Pour répondre à ces questions, nous allons faire comme Randy, et suivre un cheminement scientifique conduisant de la main de l'homme à l'aileron du requin et même aux ailes de la mouche.

On l'a vu, la découverte d'animaux à l'organisme souvent plus élémentaire que le nôtre ouvre une merveilleuse fenêtre sur le passé lointain. Mais l'étude de fossiles comporte une limitation de taille. Toute expérience sur des animaux morts de longue date est impossible. Or, l'expérimentation tire son intérêt de ce qu'elle nous permet de manipuler quelque chose pour en constater le résultat. C'est ce qui explique la dichotomie générale de mon laboratoire, dont une moitié est consacrée aux fossiles et l'autre aux embryons et à l'ADN. Tous ceux qui y travaillent n'échappent pas à une certaine schizophrénie. L'armoire où sont enfermés les spécimens de Tiktaalik côtoie le congélateur qui contient nos précieux échantillons d'ADN.

Le travail sur l'ADN offre un immense potentiel de révélation de ce poisson intérieur. Est-il possible de traiter l'embryon d'un poisson par diverses substances chimiques pour transformer son corps de sorte qu'une partie de sa nageoire ressemble à une main ? Et de démontrer que les gènes qui pilotent l'élaboration de la nageoire du poisson sont virtuellement les mêmes que ceux de nos mains ?

Au départ, tout indique qu'il s'agit d'un véritable casse-tête. Notre corps est constitué de centaines de types de cellules. Cette diversité cellulaire apporte à nos tissus leurs formes et fonctions différentes. Les cellules composant nos os, nos nerfs ou nos tripes, par exemple, présentent des aspects et des comportements très différents. Mais derrière ces différences, chacune des cellules de notre corps recèle une profonde similarité avec les autres : toutes contiennent exactement le même ADN. Si l'ADN détient le schéma directeur de la construction de notre corps, de nos tissus et de nos organes, comment se fait-il que des cellules aussi distinctes que celles du muscle, des nerfs et des os contiennent le même ?

Pour le comprendre, il faut déterminer quels composants de l'ADN (les gènes) sont effectivement activés dans chaque cellule. Ce qui distingue un neurone d'une cellule de peau, ce sont les gènes qui y sont actifs. Lorsqu'un gène est activé, il fabrique une protéine conditionnant l'aspect et le comportement de la cellule. Par conséquent, pour comprendre ce qui différencie une cellule de l'œil d'une cellule osseuse ou de la main, il faut en savoir un peu plus sur les interrupteurs génétiques qui déterminent l'activité des gènes dans chaque cellule et chaque tissu.

C'est là le fait important : les interrupteurs génétiques interviennent dans notre assemblage. À la conception, nous ne sommes qu'une cellule unique porteuse de tout l'ADN nécessaire à la fabrication de notre corps. L'édification de ce corps tout entier se déroulera ensuite selon les instructions contenues dans cette unique cellule microscopique. Pour passer de cette cellule œuf généraliste à un être humain complet, avec ses milliards de cellules spécialisées et parfaitement organisées, il faut que des batteries complètes de gènes s'allument, ou pas, à l'instant requis du développement. À la façon d'un concerto, composé de notes individuelles émises par de multiples instruments, notre corps est une composition de gènes individuels qui s'activent et se désactivent à l'intérieur de chaque cellule de notre organisme en développement.

Pour quiconque étudie le corps humain, ces informations sont une mine, car elles permettent de comparer l'activité de différents gènes pour cerner le type de modifications aboutissant à l'apparition de nouveaux organes. Considérons les membres, par exemple. La comparaison de l'ensemble des gènes activés dans le développement d'une nageoire de poisson à l'ensemble de ceux activés dans le développement de la main humaine permet de dresser le catalogue des différences génétiques entre les nageoires

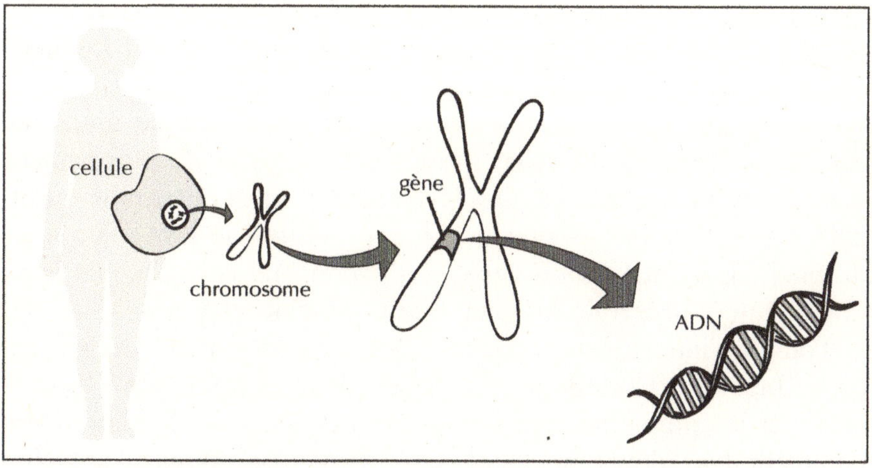

Les gènes sont des segments d'ADN présents dans chaque cellule de notre corps.

et les membres. De cette analyse ressort l'identité de quelques coupables possibles – les interrupteurs génétiques soupçonnés d'avoir commuté à la naissance des membres. On peut alors observer l'action de ces gènes dans l'embryon et chercher en quoi ils ont pu se modifier. On peut même se livrer à leur manipulation expérimentale pour comprendre ce qui permet au corps d'évoluer dans certaines conditions et selon différentes stimulations.

Pour observer les gènes qui bâtissent nos mains et nos pieds, il faut procéder à la façon des héros de la série télévisée *Les Experts* : partir du corps et faire notre chemin vers l'intérieur. Nous commencerons donc par observer la structure générale de nos membres, et opérerons un zoom avant jusqu'aux tissus, aux cellules, et aux gènes qui les fabriquent.

Manufacture

Nos membres ont trois dimensions, ils possèdent un dessus et un dessous, un côté auriculaire et un côté pouce, une base et un bout. Les os du bout de nos doigts ne sont pas semblables à ceux de notre épaule. De même, les deux côtés d'une main sont différents. Le petit doigt n'a pas la même forme que le pouce. Le Saint Graal de nos recherches sur le développement, c'est de comprendre quels gènes sont à l'origine de la différence entre les divers os du membre, et ce qui en détermine le développement dans ces trois dimensions. Quel fragment d'ADN détermine qu'un auriculaire n'est pas un pouce ? Que nos doigts ne sont pas nos os du bras ? L'identification des gènes produisant ces schémas nous dévoilerait le secret de la recette de notre élaboration.

Tous les interrupteurs génétiques qui façonnent les doigts, les os du bras et les orteils accomplissent leur ouvrage entre la troisième et la cinquième semaine après la conception. Les membres entament leur développement sous forme de minuscules bourgeons qui émergent du corps embryonnaire. Ces bourgeons poussent en deux semaines, jusqu'à ce que le bout constitue un genre de petite pale, qui contient des millions de cellules d'où jailliront le squelette, les nerfs et les muscles que l'individu conservera toute sa vie.

Pour comprendre la mise en route de ce schéma, nous observons des embryons et intervenons parfois dans leur croissance pour évaluer ce qui survient lorsque les choses ne suivent pas le cours normal. Par ailleurs, nous observons les structures internes et les gènes de mutants, dont nous fabriquons souvent des populations entières à partir de croisements soigneux. Ce genre de travail n'est évidemment pas envisageable sur l'homme. Pour les pionniers de ce domaine, le plus difficile était de trouver des animaux susceptibles de livrer des enseignements sur notre propre développement. Dans les années 1930 et 1940, les premiers embryologues expérimentaux à s'intéresser aux membres ont rencontré divers obstacles. Il leur fallait un organisme dont les membres soient accessibles à l'observation et l'expérimentation. L'embryon devait être relativement grand, assez pour subir des procédures chirurgicales. Plus important, il devait se développer dans un lieu protégé, un réceptacle le mettant à l'abri de toute perturbation. Enfin, par-dessus tout, il fallait des embryons disponibles en grande quantité et toute l'année. La réponse lumineuse à tant

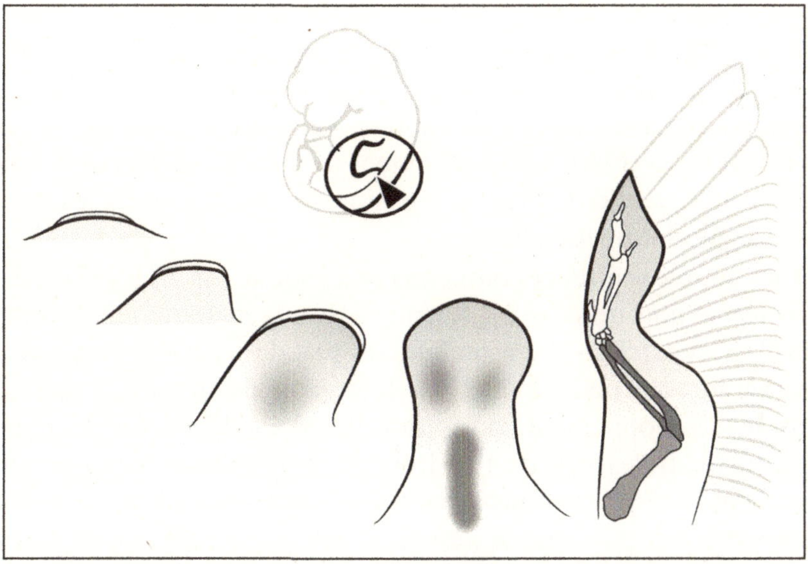

Le développement d'un membre, en l'occurrence une aile de poulet. L'ensemble des grands changements modelant la croissance du squelette d'une aile se produit dans l'œuf.

d'exigence scientifique se trouvait chez l'épicier du coin : des œufs de poule.

Dans les années 1950 et 1960, un certain nombre de biologistes, parmi lesquels Edgar Zwilling et John Saunders, ont réalisé sur des œufs de poule des expériences débordantes d'imagination pour comprendre comment se forme le squelette. Les temps étaient au maniement du scalpel : on découpait dans l'embryon de petites pièces de tissu qu'on greffait ailleurs pour voir l'effet que cela aurait sur la croissance. La méthode requérait un travail de microchirurgie particulièrement méticuleux, sur des fragments d'à peine un millimètre d'épaisseur. Par cette méthode, en déplaçant certains tissus dans le membre en développement, Saunders et Zwilling ont mis au jour quelques grands mécanismes communs à la fabrication de membres aussi différents que des ailes d'oiseau, des nageoires de baleine et des mains d'homme.

Ils ont découvert que deux petits fragments de tissu déterminent l'essentiel du développement du schéma des os des membres. Une petite bandelette de tissu à l'extrémité du bourgeon du membre joue un rôle capital dans *toute* la croissance des membres. Si on la retire, la croissance s'interrompt. Si on le fait relativement tôt, elle s'arrête à la partie supérieure du bras, ou à une entame de bras. Si on le fait un peu plus tard, on obtient jusqu'à l'avant-bras. Un peu plus tard encore, et le bras est quasiment complet, seuls les doigts demeurent courts et difformes.

Une autre expérience, initialement conduite par Mary Gasseling dans le laboratoire de John Saunders, a ouvert toute une nouvelle ligne de recherche. Elle a prélevé un peu de tissu sur ce qui allait devenir le côté petit doigt d'un bourgeon de membre, assez tôt dans le développement, puis transplanté l'échantillon de l'autre côté, juste au-dessous de l'endroit où se formerait le pouce. Puis elle a laissé le poussin croître et développer ses ailes. Le résultat a surpris à peu près tout le monde. L'aile s'est développée normalement, si ce n'est qu'elle présentait *un jeu complet de doigts dupliqués*. Plus remarquable encore était la disposition de ces doigts : les nouveaux offraient l'image inversée des originaux. À l'évidence, quelque chose à l'intérieur de ce fragment de tissu, quelque molécule ou quelque gène, avait le pouvoir de commander le développement du schéma des doigts. Cette découverte a déclenché une cascade de nouvelles expériences, qui ont permis de découvrir que l'effet ainsi obtenu était reproductible par d'autres moyens. On peut par exemple prendre un embryon de poulet et appliquer un peu de vitamine A sur le bourgeon de son membre, ou tout simplement injecter un peu de vitamine A dans l'œuf, et laisser l'embryon se développer. Pour peu qu'on intervienne au bon moment et avec la juste concentration de vitamine A, on obtient la même duplication en miroir que Gasseling, Saunders et Zwilling au moyen de greffes. Ce fragment de tissu a reçu le nom de zone d'activité polarisante (ZAP). Traduction : bout de tissu qui différencie le côté auriculaire et le côté pouce. Évidemment, les poussins ne possèdent ni auriculaire ni pouce. Dans notre terminologie, les doigts sont numérotés – le petit doigt correspond au cinquième doigt chez d'autres animaux, et le pouce correspond au numéro un.

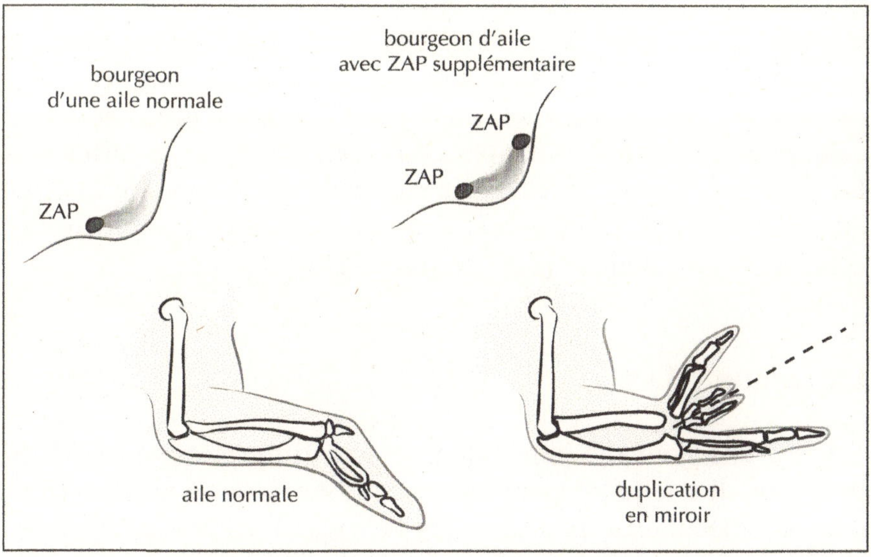

Le déplacement d'un petit fragment de tissu nommé ZAP provoque la duplication des doigts.

Si la ZAP n'a pas manqué de susciter de l'intérêt, c'est parce qu'elle semblait, d'une façon ou d'une autre, contrôler la formation des doigts et des orteils. D'une façon ou d'une autre, oui, mais laquelle ? Certains se sont dit que les cellules de la ZAP produisaient une molécule qui se déplaçait d'un bout à l'autre du membre en donnant instruction aux cellules de fabriquer des doigts distincts. La pierre angulaire de leur raisonnement, c'était que tout reposait sur le degré de concentration de cette molécule inconnue. Dans les régions voisines de la ZAP, où cette concentration est forte, les cellules réagissaient en fabriquant un auriculaire. De l'autre côté de la main en développement, plus loin que la ZAP, là où la molécule est plus diluée, les cellules réagissaient en fabriquant un pouce. Entre les deux, chaque cellule répondait au taux de concentration de cette molécule pour donner les deuxième, troisième et quatrième doigts.

Cette idée de réaction au taux de concentration méritait qu'on l'éprouve. En 1979, Denis Summerbell a inséré un tout petit morceau de papier d'aluminium entre la ZAP et le reste du membre. La barrière ainsi constituée devait empêcher la moindre molécule de quitter la ZAP pour l'autre côté de la main. À l'intérieur de la ZAP, les cellules ont bien formé des doigts. De l'autre côté, elles n'en ont presque pas constitué, ou alors très difformes. La conclusion était évidente. Quelque chose émanait de la ZAP qui déterminait la formation et l'aspect des doigts. Pour identifier cette chose, il fallait se pencher sur l'ADN.

La recette ADN

C'est une nouvelle génération de scientifiques qui a hérité du problème. Il a fallu attendre les années 1990 et les nouvelles techniques moléculaires, pour que soit dévoilée l'influence des gènes sur les opérations de la ZAP.

1993 a connu une percée majeure, lorsque le laboratoire de Cliff Tabin à Harvard s'est lancé à la chasse aux gènes contrôlant la ZAP. L'objet de sa recherche était le mécanisme moléculaire qui confère à la ZAP son aptitude à nous doter d'un auriculaire différent du pouce. Au moment où son laboratoire se mettait au travail, au début des années 1990, bon nombre d'expériences du type de celles décrites plus haut avaient conduit à penser que l'ensemble du processus obéissait à quelque sorte de molécule. La théorie était séduisante, mais nul ne savait de quelle molécule il pouvait bien s'agir. Alors on a émis une hypothèse derrière l'autre, pour finir par découvrir, allez savoir pourquoi, qu'aucune ne remplissait cette fonction. Plus tard, le laboratoire de Tabin en est venu à émettre une nouvelle idée, très pertinente au regard du sujet de ce livre. Pour la comprendre, observons les mouches.

Les expériences génétiques des années 1980 avaient révélé le fabuleux procédé par lequel les gènes sculptent le corps d'une mouche à partir d'un œuf unicellulaire. Le corps de la mouche drosophile est organisé d'avant en arrière, la tête constituant l'avant et les ailes l'arrière. Lors du développement de l'insecte, des batteries entières de gènes s'allument et s'éteignent, et ce schéma d'activité sert à différencier les différentes parties de son corps.

Tabin l'ignorait encore, mais deux autres laboratoires, ceux d'Andy McMahon et de Phil Ingham, avaient abouti de leur côté à la même idée générale. La collaboration qui s'est alors engagée entre les trois groupes de laboratoires aura été exemplaire. L'attention de Tabin, McMahon et Ingham se portait particulièrement sur l'un de ces gènes, dont on avait remarqué que l'action déterminait la différenciation d'un segment d'organisme de l'autre. Les généticiens de la mouche l'avaient nommé « hérisson ». Or, la fonction du hérisson chez la mouche – faire qu'une partie du corps soit différente de l'autre – n'est pas sans évoquer celle de la ZAP lorsqu'elle distingue le petit doigt du pouce. Les trois laboratoires n'ont pas manqué de faire le rapprochement, et ils se sont aussitôt lancés à la recherche d'un gène hérisson chez des créatures comme le poulet, la souris et le poisson.

Connaissant la structure du gène hérisson chez la mouche, les laboratoires disposaient d'un modèle de ce qu'il fallait chercher chez le poulet. Chaque gène possède une séquence distinctive ; grâce à une série d'outils moléculaires, nos chercheurs ont pu passer au crible l'ADN du poulet pour y déceler la séquence du hérisson. Après d'innombrables tentatives, ils ont bien fini par trouver un gène hérisson chez le poulet.

De même qu'il échoit au paléontologue de nommer de nouvelles espèces, c'est au généticien qu'il revient de nommer les nouveaux gènes. L'équipe qui avait découvert le hérisson chez la mouche l'avait ainsi nommé parce que les mouches porteuses d'une mutation dans ce gène sont dotées de poils évoquant un petit hérisson. Pour le variant de ce gène chez le poulet, Tabin, McMahon et Ingham ont choisi le nom de « Sonic le hérisson », *Sonic Hedgehog*, en hommage au jeu vidéo Sega.

Se posait à présent la question à un million d'euros : quelle est la fonction concrète de Sonic au sein des membres ? L'équipe de Tabin a appliqué de la teinture à une molécule fixée au gène, ce qui leur a permis de visualiser l'endroit où le gène est actif dans le membre. À leur grande surprise, ils ont découvert que seul un minuscule fragment du membre révélait de l'activité génique : la ZAP.

La marche à suivre était désormais limpide. Les schémas d'activité du gène Sonic devaient reproduire ceux du tissu de la ZAP elle-même. Rappelons que lorsqu'on traite le membre à l'acide rétinoïque, une forme de vitamine A, on crée une ZAP active de l'autre côté du membre. Devinez alors ce qu'il advient lorsqu'on traite un membre à l'acide rétinoïque, puis qu'on observe l'endroit où s'active Sonic ? Il s'active des deux côtés – petit doigt et pouce – exactement comme le fait la ZAP traitée à l'acide rétinoïque.

Une fois connue la structure de Sonic chez le poulet, d'autres chercheurs pouvaient le traquer dans tout ce qui possède des doigts, de la grenouille aux humains. Tous les animaux membrés sont dotés du gène Sonic. Si votre Sonic ne s'était pas activé à la huitième semaine de croissance, vous auriez des doigts supplémentaires, ou alors votre petit doigt ressemblerait à votre pouce. Parfois, lorsqu'un dysfonctionnement se produit sur Sonic, la main ressemble à une grosse pagaie munie de douze doigts tous semblables.

Nous savons désormais que Sonic est l'un des gènes qui interviennent par dizaines dans le modelage de nos membres, de l'épaule jusqu'au bout des doigts, en s'activant et se désactivant au moment opportun. Et nos travaux sur les poulets, les grenouilles et les souris nous disaient avec insistance la même chose. La recette ADN du haut du bras, de l'avant-bras, du poignet et des doigts est pratiquement identique chez toutes les créatures dotées de membres.

Jusqu'où pouvons-nous faire remonter la trace de Sonic et d'autres fragments d'ADN responsables de la fabrication des membres ? Tout cela intervient-il aussi dans l'élaboration du squelette des nageoires de poisson ? Ou bien les mains sont-elles, sur le plan génétique, totalement distinctes des nageoires ? Dans l'anatomie de nos bras et de nos mains, nous avons trouvé un poisson intérieur. Qu'en est-il de l'ADN qui les bâtit ?

C'est là qu'entre en scène Randy Dahn, avec ses oothèques de raie et de requin.

Prêter main au requin

Lorsqu'il est arrivé dans mon laboratoire, Randy Dahn apportait une idée à la fois simple et élégante : reproduire sur des embryons de raie le traitement que Cliff Tabin avait appliqué aux œufs de poule. L'objectif de Randy était d'appliquer à la raie toutes les expériences que les biologistes du poulet avaient tentées sur les œufs de poule, depuis les actes chirurgicaux de Saunders et Zwilling jusqu'aux travaux génétiques de Cliff Tabin. La raie se forme dans un œuf constitué d'un genre de coquille et d'un vitellus. Son embryon est de grande taille, tout comme celui du poulet. Ces concordances pratiques nous permettaient donc d'appliquer bon nombre des outils génétiques et expérimentaux développés par d'autres pour étudier le poulet.

Qu'allait donc nous apprendre la comparaison du développement d'un aileron de requin à celui d'une aile de poulet ? Plus pertinent encore, qu'y trouverions-nous au sujet de nous-mêmes ?

Le poulet, ainsi que l'ont démontré Saunders, Zwilling et Tabin, constitue un terrain étonnamment adapté à l'étude de nos propres membres. Tout ce qu'ont révélé les greffes des premiers et les travaux sur l'ADN du dernier s'applique aussi à nos membres : nous sommes dotés de ZAP, nous sommes porteurs de Sonic, et l'un et l'autre exercent une influence colossale sur notre constitution. On l'a vu, tout dysfonctionnement dans la ZAP ou toute mutation de Sonic est susceptible de provoquer d'importantes malformations de la main de l'homme.

Randy voulait prendre l'exacte mesure de la différence du mécanisme qui bâtit nos mains. À quelle profondeur se situe notre lien avec le reste du vivant ? La recette de l'élaboration de nos mains est-elle récente, ou bien possède-t-elle, elle aussi, de profondes racines chez d'autres créatures ? Et, dans ce cas, à quelle profondeur ?

De tous les animaux dotés de nageoires osseuses, les requins et les raies sont les plus anciens. L'idéal, pour répondre à la question d'Andy, aurait été d'apporter au laboratoire un fossile de requin d'il y a 400 millions d'années et d'en observer la structure génétique. On aurait ensuite manipulé ses embryons fossilisés de façon à découvrir si Sonic s'y active à peu près aux mêmes endroits que dans nos membres. L'expérience aurait été magnifique, mais il est évidemment impossible d'extraire l'ADN de fossiles si vieux et, même si on le pouvait, nous ne trouverions jamais d'embryon fossilisé pour nos travaux.

Le second meilleur choix était donc naturellement celui des requins et de leurs cousines, les raies. On ne saurait confondre un aileron de requin avec une main humaine : difficile de trouver deux appendices plus dissemblables. Non seulement les liens de parenté entre le requin et l'homme sont lointains, mais la structure du squelette de leurs appendices ne se ressemble en aucune façon. Rien à l'intérieur n'évoque, ne serait-ce que vaguement, le schéma d'Owen « un os, deux os, un paquet d'osselets, plusieurs doigts ». Les os du requin ont la forme de baguettes, longues ou courtes, épaisses ou fines. On parle d'os, mais c'est du cartilage qui les compose (les raies et les requins appartiennent à la famille des poissons cartilagineux, parce que leur squelette n'atteint jamais le stade de l'ossification). Puisqu'il s'agit de déterminer si Sonic n'intervient dans la formation de membres que chez les animaux dotés de membres, pourquoi ne pas choisir une espèce différant en tout point de la nôtre ? En outre, ne serait-il pas opportun de choisir le plus vieux poisson vivant doté de paires d'appendices quels qu'ils soient, nageoires ou membres ? Les requins faisaient parfaitement l'affaire.

La première difficulté rencontrée était simple. Il fallait trouver une source fiable d'embryons de requin. S'il est difficile d'obtenir des requins de façon un tant soit peu régulière, il n'en va pas de même pour leurs proches parentes, les raies. Nous avons donc commencé par les requins, ne recourant aux raies que lorsque nos réserves de requins baissaient. Nous avons trouvé un fournisseur capable de nous envoyer chaque mois un lot de vingt ou trente oothèques chargées d'embryons. Chaque mois, notre impatience à recevoir notre précieux chargement d'embryons avait quelque chose de comique.

Pour entamer ses recherches, Randy disposait des pistes importantes que Tabin et d'autres avaient défrichées. Depuis les travaux de Tabin, en 1993, on avait retrouvé Sonic chez diverses espèces, à peu près tout ce qui va du poisson à l'homme. Connaissant la structure de Sonic, Randy a pu fouiller l'ADN de la raie et du requin à sa recherche. Et il ne lui a pas fallu longtemps pour trouver : un gène Sonic était bien présent chez le requin.

Les questions soulevées par cette découverte étaient évidentes : où Sonic est-il activé et, surtout, quelle est son action ?

Grâce aux oothèques, Randy est parvenu à voir où et quand Sonic s'active dans le développement de la raie. Il a commencé par se demander si Sonic s'activait au même moment du développement de l'aileron du requin que du membre du poulet. La réponse était oui. Puis il a cherché à savoir s'il était actif sur la plaque de tissu du bout arrière de l'aileron, l'équivalent de notre petit doigt. Là encore, oui. Et le voilà lancé dans son expérience avec la vitamine A. C'était le moment décisif. Quand on traite le membre d'un poulet ou d'un mammifère avec ce composé, on obtient un morceau de tissu où Sonic est activé de l'autre côté, résultat qui s'accompagne d'une duplication des os. Randy a inoculé l'œuf, et attendu un jour ou deux avant de vérifier si, comme chez le poulet, la vitamine A provoquait l'activation de Sonic de l'autre côté du membre. C'était bien le cas. Il fallait à présent attendre. Nous savions que Sonic se comportait de la même façon dans nos mains que dans l'aileron du requin et de la raie. Mais quel serait l'effet de tout cela sur le squelette ? La réponse ne viendrait pas avant deux mois.

L'oothèque où se développent les embryons est opaque. Tout ce que nous pouvions savoir, c'était si la créature était encore en vie ; l'intérieur de l'aileron nous était invisible.

Le résultat obtenu a révélé la ressemblance éclatante qui nous rapproche des requins et des raies : c'était un aileron disposé en miroir, de façon inversée. La structure des ailerons dorsaux s'était dupliquée selon un splendide schéma d'avant en arrière, du type de ce qu'on avait observé lors de nos expériences sur les membres. Les membres donnent une duplication de membre. Les ailerons, qu'ils soient de requin ou de raie, donnent une duplication d'aileron. L'action de Sonic est la même jusque dans les squelettes d'appendices les plus divers qu'on puisse trouver aujourd'hui sur terre.

L'un des effets de l'action de Sonic, on s'en souvient, est la différenciation des doigts. On l'a vu au sujet de la ZAP, le type de doigt qui se développe dépend de son éloignement de la source de Sonic. À l'état normal, le squelette de la nageoire d'une raie adulte est constitué de nombreuses baguettes, toutes semblables. Serait-il possible de les différencier les unes des autres, comme nos propres doigts ? Randy a imprégné un petit implant de la protéine que produit Sonic et l'a inséré parmi ces baguettes identiques. Le truc, pour cette expérience, c'est qu'il a employé le Sonic de la souris. Nous voilà donc en présence d'un drôle de machin : un embryon de raie dans lequel est implantée une graine qui libère progressivement de la protéine de Sonic de souris. Cette protéine de souris aura-t-elle le moindre effet sur un requin ou une raie ?

Les expériences de ce type ne peuvent aboutir qu'à deux dénouements inconciliables. Dans le premier cas, rien ne se passe. Cela signifierait que la raie est trop différente de la souris pour que la protéine de Sonic ait sur elle le moindre effet. L'autre dénouement nous offrirait une image éclatante du poisson intérieur, car les baguettes osseuses auraient adopté au cours du développement des formes différentes, démontrant que Sonic produit le même genre d'effet sur la raie que sur nous. Sans compter que Randy a employé une protéine de mammifère, c'est dire si cela signifierait que notre recette génétique est vraiment, vraiment très semblable.

Non seulement les baguettes ont-elles été distinctes, mais elles adoptaient face à la protéine de Sonic le même comportement que les doigts, selon la distance les séparant de l'implant : les plus proches n'avaient pas la même forme que les plus lointaines. Le

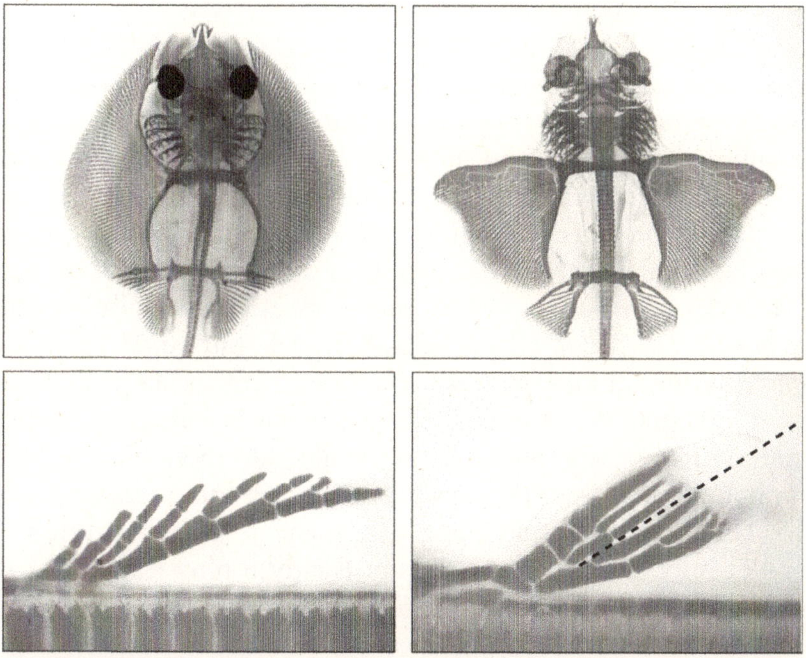

Nageoires normales (à gauche), et nageoires traitées par Randy. Ces dernières révèlent une duplication en miroir similaire à celle des ailes de poulet. Photos reproduites avec l'autorisation de Randall Dahn, université de Chicago.

tout, cerise sur le gâteau, rondement mené sur la raie par une protéine de souris.

Le « poisson intérieur » hameçonné par Randy n'est pas qu'un unique ossement, ni même un fragment de squelette. Il compte parmi les outils biologiques qui servent à bâtir les nageoires. Une chaîne d'expériences menées sur des créatures aussi différentes que la souris, le requin et la mouche, nous ont montré que certains éléments fondamentaux de la recette leur sont communs. De façon très concrète, tous les animaux ne sont qu'une variation sur un même thème. Ce thème est inscrit dans la recette qui nous fabrique. En fait, plus nous en apprenons de cette recette en observant d'autres parties de l'ADN, plus nous trouvons que les enseignements de Sonic le hérisson sont très généraux. Tous les appendices, nageoires ou membres, sont bâtis par des gènes de types similaires. Quelles répercussions cela a-t-il sur le problème évoqué aux deux premiers chapitres, à savoir la transformation de la nageoire en membre ? Cet important chapitre de l'évolution n'a pas supposé l'apparition d'un nouvel ADN : l'essentiel du changement a sans doute impliqué l'usage de gènes existants, comme ceux de la croissance de l'aileron de requin, pour trouver de nouvelles façons de produire des membres dotés de doigts et d'orteils.

Mais ces expériences sur les membres et les nageoires recèlent une beauté esthétique plus profonde. Le laboratoire de Tabin s'est appuyé sur des études de la *mouche* pour localiser un gène chez le *poulet*, qui nous parle des malformations à la naissance chez les *humains*. Randy a exploité la trouvaille du laboratoire de Tabin pour nous révéler quelque chose à propos de notre relation avec la *raie*. Une « mouche intérieure » a mené à la découverte d'un « poulet intérieur », à partir duquel Randy a réussi à trouver une « raie intérieure ». Le lien unissant les créatures vivantes est profond.

4

Des dents partout

On ne peut pas dire que les dents occupent beaucoup d'heures dans le cursus d'anatomie : c'est bien le diable si l'on y consacre cinq bonnes minutes en tout et pour tout. Au panthéon des organes préférés – je laisse à chacun le soin de dresser sa liste – il est rare que les dents figurent dans le quinté de tête. Si petite soit-elle, la dent contient pourtant tant d'éléments témoignant de notre connexion avec le reste du vivant qu'il est pratiquement impossible de bien connaître le corps si on l'ignore. Pour ce qui me concerne, les dents revêtent de surcroît une signification particulière, parce que c'est dans la recherche dentaire que j'ai appris à localiser des fossiles et à monter une expédition pour les recueillir.

La fonction première des dents est de réduire les créatures trop grandes en petits morceaux. Raccordées à une mâchoire articulée, elles découpent, broient et macèrent. Nulle bouche n'est extensible à l'infini, et les dents offrent à leur possesseur la possibilité de manger des choses plus grosses que la sienne. Cela vaut plus particulièrement pour les créatures dépourvues de mains ou de griffes susceptibles de déchirer ou de découper les aliments avant de les porter à la bouche. Certes, les gros poissons ont tendance à en manger de plus petits. Mais les dents permettent parfois de légèrement rééquilibrer les choses : s'ils en possèdent de bonnes, les petits poissons peuvent parfois en croquer de plus gros. Les petits se servent de leurs dents pour érafler les écailles, se nourrir de particules voire arracher des lambeaux de chair à leurs gros congénères.

On apprend beaucoup d'un animal par la simple observation de ses dents, dont les bosses, les pointes et les rainures en disent long sur son type d'alimentation. Les carnivores, comme le chat, sont pourvus de molaires acérées qui leur permettent de couper la viande, tandis que les herbivores ont des dents plus plates, capables de faire macérer des feuilles et des noix. La richesse informative de la dentition n'a pas échappé aux anatomistes du passé. Le Français Georges Cuvier s'est vanté de pouvoir reconstituer le squelette entier d'un animal à partir d'une seule de ses dents. L'affirmation est sans doute un peu hardie, mais globalement vraie ; les dents sont une fenêtre ouverte sur le mode de vie des animaux.

La bouche de l'homme révèle un mangeur polyvalent, parce qu'elle présente plusieurs types de dents. Celles de devant, les incisives, sont des lames acérées, spécialistes de la découpe. Celles du fond, les molaires, sont plates, et leur physionomie d'ensemble permet la macération de plantes ou de chair animale. Entre les deux, les prémolaires remplissent une fonction intermédiaire.

Le plus remarquable de notre bouche, c'est la précision qu'elle met à mâcher. Ouvrez et fermez la bouche : vos dents reviennent toujours à la même place, supérieures et inférieures précisément adaptées. Cet agencement précis des cuspides, des fosses et des arêtes supérieures et inférieures nous permet de décomposer la nourriture avec la plus grande efficacité. En fait, la moindre disparité entre nos dents inférieures et supérieures est à même de gâter notre denture, et de faire la fortune de notre dentiste.

Pour le paléontologue, les dents sont une mine de renseignements. C'est ce qu'il y a de plus solide dans le corps, car l'émail est abondamment pourvu d'hydroxyapatite minérale – davantage encore que les os. Grâce à cette dureté, les dents sont souvent la partie la mieux préservée des animaux que l'on trouve à de nombreuses périodes du registre des fossiles. C'est une chance car, par le témoignage détaillé qu'elles apportent sur le régime alimentaire de leur possesseur, elles font de l'inventaire des fossiles un livre ouvert sur l'apparition de nouveaux modes alimentaires. C'est très net en ce qui concerne l'histoire des mammifères : si de nombreux reptiles possèdent des dents similaires, celles des mammifères sont toutes distinctes. Pour l'étudiant en paléontologie, la part consacrée aux mammifères ressemble souvent à de l'initiation à l'odontologie.

Nos reptiles actuels – crocodiles, lézards, serpents – sont démunis de tout ce qui fait la spécificité de la bouche des mammifères. Toutes les dents du crocodile, par exemple, sont une lame de la même forme, elles ne diffèrent que par la taille. Les reptiles sont en outre dépourvus de la précision dont jouissent les mammifères en matière d'occlusion de la mâchoire – l'adaptation entre les dents supérieures et inférieures. En revanche, si les mammifères ne perdent qu'une fois leurs dents, les reptiles ont la chance de recevoir la visite de la petite souris toute leur vie durant, une dent venant toujours supplanter l'autre lorsqu'elle s'use ou se casse.

Cet élément très fondamental de notre être – notre mastication précise de mammifères – apparaît au registre des fossiles entre 225 et 195 millions d'années partout dans le monde. Plus bas, au sein de roches plus anciennes, on rencontre un certain nombre de reptiles d'aspect vaguement canin. Ils se tiennent à quatre pattes, possèdent un crâne volumineux, et, pour beaucoup, des dents acérées. Mais la ressemblance s'arrête là. À la différence du chien, ces reptiles ont une mâchoire composée de nombreux os, et leurs dents ne s'adaptent qu'imparfaitement. De même, à la façon des reptiles, les nouvelles dents chassent les anciennes durant toute la vie de l'animal.

Remontons un peu, et tout change : c'est l'apparition des mammifères. Les os de la mâchoire rétrécissent et remontent vers l'oreille. On observe les premiers signes d'une meilleure occlusion dentaire. La forme de la mâchoire n'est pas la même non plus : ce qui chez le reptile n'était qu'une simple barre prend chez le mammifère l'aspect d'un boomerang. C'est aussi à cette époque que les dents commencent à ne tomber qu'une fois dans la vie, comme c'est le cas pour nous. Tous ces changements sont visibles parmi les fossiles, notamment sur certains sites en Europe, en Afrique du Sud et en Chine.

Les couches sédimentaires d'il y a quelque 200 millions d'années recèlent des créatures aux airs de rongeurs, tels le *Morganucodon* et l'*Eozostrodon*, qui ressemblent déjà davantage à des mammifères. Pas plus gros qu'une souris, ils présentent d'importants éléments communs avec nous. Les photos ne rendent pas justice à la beauté de ces premiers mammifères. La première fois que je les ai vus a été pour moi un moment d'émotion intense.

À l'abord de mon troisième cycle universitaire, mon intention était d'étudier les premiers mammifères. Si j'avais choisi Harvard, c'est parce que Farish A. Jenkins, que nous avons rencontré au premier chapitre, y organisait des expéditions de fouille systématique de la roche dans l'Ouest américain à la recherche d'indices sur la façon dont s'est développée chez le mammifère cette aptitude si caractéristique à la mastication. C'était un vrai travail d'exploration ; Farish et son équipe recherchaient des lieux et des sites nouveaux, ils n'allaient pas là où d'autres les avaient précédés. Farish avait réuni une équipe talentueuse de chercheurs de fossiles, avec des membres du musée de Zoologie comparée d'Harvard et quelques mercenaires indépendants, où se distinguaient notamment Bill Amaral, Chuck Schaff et le regretté Will Downs. Ce sont eux qui m'ont initié au monde de la paléontologie.

Farish et ses hommes commençaient par repérer sur des cartes géologiques et des photos aériennes les zones susceptibles de receler des mammifères anciens. Puis, chaque été, ils grimpaient dans des camionnettes et s'en allaient dans les déserts du Wyoming, de l'Arizona et de l'Utah. Lorsque je les ai rejoints, en 1983, ils avaient déjà trouvé un certain nombre de sites fossilifères nouveaux et importants de mammifères. J'étais frappé par la force de la prédiction : à partir de la seule lecture d'articles et d'ouvrages scientifiques, l'équipe de Farish était capable de désigner les lieux où l'on avait de bonnes chances de trouver des mammifères anciens.

C'est en arpentant le désert de l'Arizona aux côtés de Chuck et Bill que j'ai fait mon baptême de paléontologie de terrain. Au départ, l'entreprise tout entière semblait livrée au hasard. Je m'étais attendu à un genre de campagne militaire, à une reconnaissance organisée et coordonnée des lieux, mais c'était tout le contraire. L'équipe s'agglutinait sur une parcelle donnée, et chacun partait dans tous les sens à la recherche de fragments d'os affleurants. Pendant les premières semaines de l'expédition, ils m'ont laissé seul. Je menais ma recherche avec application, examinant systématiquement chaque caillou dans l'espoir de voir un bout d'os dépasser à la surface. Tous les soirs, de retour au camp, chacun exhibait le fruit de ses recherches. Chuck rapportait toujours plusieurs sacs d'os. Bill n'était pas en reste, avec en général un petit crâne ou une autre pièce de choix. Quant à moi, je n'avais strictement rien à montrer, mon sac vide rappelant tristement combien il me restait à apprendre.

Après quelques semaines de ce régime, je me suis dit qu'il serait peut-être utile d'accompagner Chuck, qui ramenait toujours les sacs les plus garnis, alors pourquoi ne pas s'inspirer de l'expert ? Chuck était ravi de ma compagnie, qui lui offrait une occasion de raconter sa longue carrière de paléontologue de terrain. C'était un pur enfant de l'ouest du Texas, légèrement accommodé à la sauce de Brooklyn : bottes de cow-boy et mentalité de l'Ouest sous accent new-yorkais. Tandis qu'il déroulait le récit de ses expéditions passées, il me donnait aussi une immense leçon d'humilité. D'abord, Chuck ne s'attardait pas sur tous les cailloux, et, quand il le faisait, le ciel m'est témoin que je ne voyais pas l'ombre d'une raison à son choix. Et puis, il y avait à tout cela un aspect plus embarrassant : Chuck et moi observions les mêmes parcelles de terrain. Si je n'y voyais guère autre chose que de la roche – du sol désertique aride –, Chuck, lui, y repérait des fossiles de dents, de mâchoires, et même des morceaux de crânes.

Du ciel, on aurait vu deux individus marchant seuls au beau milieu d'une plaine apparemment infinie où l'on ne distingue rien d'autre sur des miles à la ronde que plateaux, buttes et bad-lands de grès vert et rouge. Mais, à notre niveau, Chuck et moi n'avions d'yeux que pour la rocaille et les astragales du sol désertique. Les fossiles que nous cherchions n'étaient pas gros, pas plus d'une dizaine de centimètres, et nous étions seuls au monde. Ces circonstances d'intimité tranchaient nettement avec l'immensité du paysage autour de nous. Rien d'autre ne comptait pour moi que mon compagnon de marche, et mon existence tout entière était dévouée à des bouts de rocaille.

Aux avalanches de questions que je lui assenais pendant l'essentiel de chaque journée de marche, Chuck opposait une patience extraordinaire. Je voulais qu'il me décrive la façon *exacte* dont on trouve des ossements. Il m'a dit et redit de chercher quelque chose de « différent », quelque chose dont la texture soit osseuse, pas rocheuse, quelque chose qui luise comme de la dent, qui ressemble à l'os d'un bras, pas à un bout de grès. Ça a l'air facile, mais je ne parvenais pas à saisir ce qu'il voulait dire. J'avais beau faire de mon mieux, je rentrais bredouille chaque soir. C'était plus gênant encore qu'auparavant, puisque Chuck continuait de rentrer chargé de sacs pleins, alors qu'il avait examiné les mêmes roches que moi.

Enfin, un jour, j'ai trouvé avec Chuck ma première dent, brillant dans le soleil du désert. C'était sur une plaque de calcaire émietté, et pourtant je l'ai vue, claire comme le jour. L'émail offrait une luisance différente de toutes les roches ; ça ne ressemblait à rien de ce que j'avais vu jusqu'alors. En fait, ce n'est pas tout à fait exact – mon regard croisait ce genre de chose tous les jours. La différence, c'est que cette fois je l'avais perçue, je faisais enfin la distinction entre l'os et la pierre. La dent brille, et c'est en la voyant luire que j'ai reconnu ses cuspides. Une fois isolée, ma prise n'était pas plus grosse qu'un centime d'euro, racine non comprise, mais, pour moi, elle valait bien le plus gros dinosaure des musées.

D'un coup, le sol désertique s'est mis à regorger d'ossements ; là où je n'avais vu jusqu'alors que cailloux, je voyais à présent des petits bouts de fossiles partout, comme si on m'avait mis une paire de lunettes spéciales projetant un faisceau de lumière sur tous les fragments osseux. Près de la dent se trouvaient de petits morceaux d'autres os, puis d'autres dents. J'avais sous les yeux une mâchoire qui avait émergé jusqu'à la surface puis s'était fragmentée. J'ai cessé de rentrer bredouille le soir.

À présent que j'étais capable de distinguer les os, ce que j'avais pris jusque-là pour des efforts désordonnés m'est au contraire apparu comme particulièrement organisé. Ces gens ne s'éparpillaient pas dans le désert au hasard ; il y avait des règles, jamais formulées mais bien réelles. Règle numéro un : choisir les roches à l'air le plus productif, d'après les critères visuels acquis lors de précédentes expériences. Règle numéro deux : ne marcher sur les pas de personne ; ne couvrir que de nouvelles parcelles (Chuck m'avait gracieusement autorisé à enfreindre celle-là). Règle numéro trois : si le filon de votre choix est occupé, trouvez-en un autre, quitte à vous rabattre sur un site moins prometteur. Premier arrivé, premier servi.

Avec le temps, j'ai appris à reconnaître les caractéristiques visuelles d'autres types d'ossements, qu'il s'agisse des os longs, de ceux de la mâchoire, ou des morceaux de crâne. Une fois qu'on a acquis l'œil pour ces choses, on ne le perd plus jamais. De même que les grands pêcheurs savent lire l'onde et voir les poissons qui s'y cachent, le chercheur de fossiles consulte un catalogue mental d'images de recherche qui semble les faire jaillir de la roche. J'ai donc commencé à me forger mes propres impressions visuelles des os fossilisés, dans différents types de roche et sous diverses lumières. La chasse aux fossiles n'est pas la même sous le soleil du matin que dans l'après-midi, parce que la lumière balaye le sol de façon différente.

Vingt ans plus tard, je me sais tenu d'en repasser par là chaque fois que je me présente sur un nouveau site, que ce soit le trias marocain ou le dévonien de l'île d'Ellesmere. J'ai conscience que les premiers jours seront difficiles, tout comme ils l'ont été avec Chuck dans l'Arizona vingt ans plus tôt. À ceci près qu'aujourd'hui je sais pouvoir compter sur le fait qu'une image de recherche finira bien par surgir.

L'objectif ultime de la prospection que j'ai menée avec Chuck était de trouver un site recelant suffisamment d'ossements pour constituer une couche riche en fossiles que nous puissions exposer. Au moment où je les ai rejoints, Farish et son équipe avaient déjà repéré la zone en question, une plaque rocheuse d'une trentaine de mètres de long, truffée de squelettes de petits animaux.

Farish avait établi sa carrière dans de la micrite à grain très fin. Pour y travailler correctement, il fallait avoir compris que les fossiles provenaient d'une couche très mince, pas plus d'un millimètre d'épaisseur. Une fois cette surface exposée au grand jour, on avait de grandes chances d'y voir des os. En fait, ils étaient minuscules, pas plus de deux à cinq centimètres, et noirs, de sorte qu'ils constituaient de petites taches sur la roche brune. Parmi les petits animaux ainsi trouvés, il y avait des grenouilles (des plus anciennes), des batraciens sans pattes, des lézards, d'autres reptiles et, très important, certains des tout premiers mammifères.

Fait essentiel, ces mammifères étaient petits. Très petits. Leurs dents ne dépassaient guère deux millimètres. Aussi, pour les repérer, fallait-il beaucoup d'attention et, le plus souvent, de la chance. Il suffisait que la dent soit recouverte de terre ou même de quelques grains de sable pour qu'elle échappe à notre regard.

C'est la vision de ces premiers mammifères qui m'a vraiment marqué. J'avais exposé la couche de fossiles, et scruté toute la surface avec ma loupe à main grossissant dix fois. J'avais arpenté chaque centimètre à quatre pattes, l'œil au ras du sol. Ainsi absorbé, j'en venais souvent à me désorienter quelque peu et à déborder sur la parcelle de mon voisin, ce qui me valait de recevoir un sac de poussière sur la tête, histoire de me rappeler que c'était chacun chez soi. Il m'arrivait quand même de temps à autre de tomber juste et de mettre le doigt sur un détail signifiant.

Les dents ressemblaient à de petites lames, avec des cuspides et des racines. Les cuspides révélaient quelque chose de très particulier. Chaque dent présentait un motif d'usure spécifique au point de contact des rangées supérieure et inférieure. J'avais devant moi l'un des premiers indices de notre mode sophistiqué de mastication, mais chez un tout petit mammifère ancien de 190 millions d'années.

Ce sont des moments d'une intensité inoubliable. Accroupi là, à casser des cailloux dans la poussière, je faisais des découvertes susceptibles de changer notre perception des choses. J'ai toujours été frappé par le fait que la plus infantile des activités, voire la plus dégradante, puisse servir l'une des grandes aspirations intellectuelles de l'humanité. J'essaie de m'en souvenir à chaque fois que j'aborde un nouveau site.

De retour à mes études, à l'automne, j'étais profondément mordu par le virus de l'expédition. Je voulais à tout prix en monter une, alors, manquant des moyens nécessaires à un projet d'envergure, je me suis décidé pour des roches du Connecticut, datant de quelque 200 millions d'années. Amplement étudiées au XIXe siècle, elles avaient donné lieu à d'importantes découvertes de fossiles. Je me disais qu'en m'attaquant à ces mêmes roches, avec ma loupe à main et mon image de recherche infaillible de mammifères anciens, je trouverais assurément pas mal de pépites. J'ai donc loué une fourgonnette, attrapé un paquet de sachets à prélèvements, et me suis mis en route.

Une autre leçon m'attendait : je n'ai rien trouvé du tout. Retour au tableau noir, ou plus exactement à la bibliothèque de géologie de l'université.

Il me fallait un endroit où la roche de 200 millions d'années soit convenablement exposée : il n'y avait dans le Connecticut que des chantiers de voirie. L'idéal aurait été le bord de mer, où l'action des vagues offre au regard d'importantes surfaces de roche fraîchement exposée. Sur la carte, le choix était limpide : en Nouvelle-Écosse, des roches du trias et du jurassique (autour de 200 millions d'années) affleurent à la surface. Pour couronner le tout, les guides touristiques de la région vantent les plus hautes marées du monde, qui dépassent parfois quinze mètres. J'avais de la chance.

J'ai appelé le spécialiste de ces roches, Paul Olsen, qui prenait tout juste ses fonctions d'enseignant à l'université de Columbia. J'avais déjà l'eau à la bouche à la perspective des découvertes qui m'attendaient, et notre conversation ne m'a que davantage excité. Ce qu'il m'a décrit correspondait au site géologique idéal pour la recherche de petits mammifères ou de reptiles : il y avait d'anciens cours d'eau et des dunes présentant toutes les qualités requises pour la préservation des petits os. Mieux encore, Paul y avait lui-même déjà trouvé des ossements et des empreintes de pas de dinosaure le long d'une plage près du village de Parrsboro, en Nouvelle-Écosse. Ensemble, nous avons donc programmé une visite des lieux et le ratissage de la plage à la recherche de petits fossiles. C'était extrêmement généreux de la part de Paul, parce qu'il avait la priorité sur l'endroit et aucune obligation de me renseigner, encore moins de collaborer.

Lorsque j'ai consulté Farish au sujet de mes projets, il ne m'a pas seulement proposé de l'argent, mais suggéré aussi d'emmener avec moi les experts en découverte de fossiles, Bill et Chuck. Des fonds, Bill, Chuck, Paul Olsen, d'excellentes roches et une exposition convenable – que demander de plus ? L'été suivant, je conduisais donc ma première expédition de recherche de fossiles.

Je suis parti avec mon équipe de terrain, Bill et Chuck, dans ma fourgonnette, pour les plages de Nouvelle-Écosse. Il n'y avait évidemment que moi pour voir les choses comme ça. Aux côtés de mes compères, qui comptaient à eux deux davantage d'années sur le terrain que moi d'anniversaires, je n'avais de chef que le nom. À eux la collecte de fossiles, à moi l'addition du dîner.

La roche de Nouvelle-Écosse se présentait sous forme de falaises de calcaire orange absolument splendides, le long de la baie de Fundy. La marée avançait et reculait sur près de huit cents mètres chaque jour, laissant à nu d'immenses plaques de roche orange. Il ne nous a pas fallu longtemps pour commencer à trouver des os, répartis sur diverses zones. De petits fragments d'os saillaient de la falaise. Paul trouvait des empreintes de pas partout, jusque dans les plaques dénudées chaque jour par la marée.

Chuck, Bill, Paul et moi avons passé deux semaines à creuser la roche de Nouvelle-Écosse, à trouver des bouts, des éclats et des fragments d'os qui affleuraient. Bill, le préparateur de fossiles du groupe, ne cessait de me recommander de ne pas trop dégrossir les os sur le terrain, mais d'y laisser au contraire un peu de grès pour qu'il ait l'occasion de soigneusement les dégager au laboratoire, sous microscope, dans des conditions plus maîtrisées. Nous avons donc appliqué la consigne, mais je dois avouer que ce que nous avons rapporté à la maison m'a déçu : à peine quelques boîtes à chaussures de cailloux laissant apparaître çà et là de petits éclats d'os. Je me rappelle avoir songé sur le chemin du retour que le butin n'était certes pas gros, mais que l'expérience avait été formidable. Après quoi je me suis offert une semaine de congé ; Chuck et Bill sont rentrés au labo.

Paul Olsen découvre des empreintes de pas dans les plats qu'offre la marée en Nouvelle-Écosse. À marée haute, l'eau remonte jusqu'aux falaises qu'on aperçoit à gauche. La flèche désigne un endroit où, en cas de mauvais minutage, nous risquions de rester bloqués des heures. Photo de l'auteur.

À mon retour à Boston, Chuck et Bill étaient sortis déjeuner. Plusieurs collègues en visite au musée sont venus à moi aussitôt qu'ils m'apercevaient, ils m'ont serré la main en me félicitant, avec force tapes dans le dos. J'étais traité en héros, mais en ignorais totalement la raison ; tout ça ressemblait à une plaisanterie, un vaste canular. On m'a dit de me rendre au laboratoire de Bill, voir mon trophée. Sans trop savoir que penser, j'y suis allé au pas de course.

Sur la paillasse de Bill se trouvait une mâchoire minuscule, à peine longue d'un centimètre et demi. Elle était encore sertie de toutes petites dents. C'était clairement la mâchoire d'un reptile, parce que les dents n'étaient pourvues à la base que d'une racine, alors que les dents de mammifère en comptent plusieurs. Mais on y voyait des bosses et des creux, à l'œil nu. L'examen au microscope me réservait la plus grande surprise : les cuspides affichaient de petites traces d'usure. C'était un reptile doué d'occlusion dentaire. Mon fossile était en partie mammifère et en partie reptile.

Je l'ignorais totalement mais, en déballant l'un de nos cailloux, Bill avait aperçu un bout d'os, qu'il avait nettoyé à l'aiguille sous le microscope. Aucun de nous ne l'aurait cru sur le terrain, mais notre expédition avait finalement été une immense réussite. Tout ça grâce à Bill.

Qu'ai-je donc appris cet été-là ? D'abord, j'ai appris à écouter Chuck et Bill. Ensuite, que bon nombre de grandes découvertes se produisent entre les mains du préparateur, pas sur le terrain. Il s'avérera qu'au sujet du travail de terrain j'avais encore à recevoir les leçons principales.

Le reptile mis au jour par Bill était un tritheledontidé, créature déjà rencontrée en Afrique du Sud mais jamais encore en Nouvelle-Écosse. Le fossile étant extrêmement rare, nous avons eu envie de retourner en Nouvelle-Écosse l'été suivant pour en trouver d'autres. J'ai passé l'hiver à ronger mon frein. S'il avait été possible de piocher à travers la glace, je l'aurais fait.

L'été a fini par venir, et nous sommes repartis, en 1985, sur le site d'origine du tritheledontidé. C'était juste au niveau de la plage, là où un petit pan de falaise s'était détaché quelques années auparavant. Nos travaux devaient s'accommoder de certaines contraintes horaires : le gisement fossilifère était inaccessible à marée haute, car il fallait pour s'y rendre contourner une pointe rocheuse, par une voie impraticable sans embarcation. Je n'oublierai jamais l'émoi ressenti le premier jour, lorsque, passé la pointe, nous avons atteint notre petite parcelle de roche orange vif. L'instant demeure gravé en moi à jamais, surtout pour ce qu'il y manquait : la majeure partie de la zone où nous avions travaillé l'année précédente avait disparu, probablement emportée par les marées de l'hiver. Notre merveilleux site fossilifère, avec ses splendides tritheledontidés, avait pris le large.

La bonne nouvelle, si l'on peut dire, c'était qu'il y avait un peu plus de calcaire orange à examiner le long de la plage. L'essentiel des lieux, notamment la pointe qu'il fallait contourner chaque matin, se composait de basalte déposé par une coulée de lave il y a 200 millions d'années. Nous avions la certitude qu'aucun fossile ne s'y trouvait, car – c'est quasiment devenu un axiome – ces roches, qui ont jadis atteint de très hautes températures, ne sont pas propices à la préservation d'ossements fossilisés. Nous avons passé au moins cinq jours à gratter le grès orange, veillant scrupuleusement à ne pas dépasser la durée imposée à nos visites par la marée, et n'avons absolument rien trouvé.

Les choses auraient pu en rester là, mais le président du Lion's club local est venu frapper un soir à notre cabane, à la recherche de jurés pour le concours de beauté qui désigne chaque année la miss de la fête locale de Parrsboro. La ville avait toujours confié à des visiteurs cette tâche d'autant plus délicate que l'événement ne manque jamais d'attiser les passions. Les jurés habituels, un vieux couple de Québécois, n'étant pas venus cette année-là, mon équipe et moi-même avons donc été invités à les remplacer.

Seulement, à force de débats quant au résultat final, le concours de beauté nous a fait veiller tard, et perdre de vue les marées du lendemain, ce qui nous a valu de nous trouver pris au piège, dans un renfoncement de la falaise. Nous avons passé là deux heures, coincés sur un petit promontoire large d'une quinzaine de mètres. C'était de la roche volcanique, pas du tout le genre à intéresser le chercheur de fossiles. Alors nous avons joué aux ricochets jusqu'à l'écœurement, puis quand même jeté un œil sur la roche, au cas où s'y trouveraient des cristaux ou des pierres dignes d'intérêt. Bill a disparu derrière un coin, et j'ai scruté le basalte derrière nous. Au bout d'une quinzaine de minutes, j'ai entendu mon nom. Je n'oublierai jamais l'effort de retenue que trahissait la voix de Bill : « Euh, Neil, je crois que tu devrais venir voir par ici. » J'ai franchi le coin, et lu d'abord l'excitation dans les yeux de Bill. Puis j'ai vu la roche à ses pieds. Des milliers de petits fragments blancs en ressortaient. C'étaient des os fossilisés, par milliers.

Un site recelant de petits os, nous ne recherchions pas autre chose. La roche volcanique de la région n'était finalement pas si volcanique que cela : des tranches de calcaire avaient crevé la falaise volcanique. En fait, une éruption volcanique avait donné lieu à une coulée de boue simultanée. C'est dans les boues qu'avaient été pris les fossiles.

Nous avons ramassé des tonnes de roche, incrustées de tritheledontidés, de crocodiles primaires et d'autres reptiles à l'apparence de lézards. Les tritheledontidés constituaient évidemment le clou de la collection, parce qu'ils démontraient que certains reptiles possédaient déjà notre mode mammifère de mastication.

À l'image des bêtes trouvées par l'équipe de Farish dans l'Arizona, les premiers mammifères possédaient un mode de morsure très spécifique. Les traces d'usure des cuspides de chaque dent du dessus correspondent à l'image inversée des mêmes sur la dent du dessous. Ces schémas d'usure et d'occlusion sont si précis qu'ils permettent de distinguer entre elles différentes espèces. Les mammifères de Farish ne présentent pas la même forme de cuspides et de mastication que ceux de la même période en Amérique du Sud, en Europe ou en Chine. Si, pour comparer ces fossiles, nous ne disposions que des reptiles aujourd'hui vivants, l'alimentation des mammifères nous apparaîtrait comme un grand mystère. Nous l'avons vu, les crocodiles et les lézards sont totalement dépourvus de schéma d'occlusion. C'est là qu'intervient par exemple le tritheledontidé. Si l'on remonte un peu plus tôt, jusqu'à des roches antérieures de quelque 10 millions d'années, comme celles de

Nouvelle-Écosse, on trouve des tritheledontidés dotés d'une version naissante de ce mode de mastication. Chez le tritheledontidé, chaque cuspide ne se verrouille pas à l'autre de façon précise, comme chez les mammifères ; au contraire, la surface intérieure de la dent supérieure frotte contre la surface extérieure de la dent inférieure, presque comme les lames d'une paire de ciseaux. Évidemment, ces modifications de l'occlusion ne se sont pas produites dans le vide. On ne sera donc pas surpris de savoir que les premières créatures dotées de ce mode de mastication présentent aussi certains traits caractéristiques des mammifères au niveau de la mâchoire inférieure, du crâne et du squelette.

Les dents résistant particulièrement bien au temps, le registre des fossiles offre des informations très détaillées sur l'apparition chronologique des principaux modes de mastication – et la faculté des animaux à changer de régime. L'histoire des mammifères est en bonne part celle de nouvelles façons de traiter les aliments. Au registre des fossiles, on rencontre juste après les tritheledontidés tout type de nouvelles espèces de mammifères dotées de nouvelles dentitions, de nouveaux schémas d'occlusion et de nouveaux modes d'utilisation. Autour de 150 millions d'années, on trouve dans les roches des quatre coins du globe des petits mammifères de la taille d'un rongeur pourvus d'une nouvelle gamme dentaire, qui a ouvert la voie à notre propre existence. La spécificité de ces créatures tenait à la complexité de leur bouche : la mâchoire comportait des dents de plusieurs types. Celles du devant différaient de celles du fond ; la bouche avait établi un genre de division du travail. Les incisives frontales s'étaient spécialisées dans la découpe des aliments, les canines un peu en retrait dans le percement, et les molaires du fond dans l'arrachement ou le broyage. Ces petits mammifères aux allures de souris recèlent un élément fondamental de notre propre histoire. Au cas où vous douteriez encore, imaginez devoir manger une pomme sans incisives ou, mieux encore, une grosse carotte sans molaires. La grande diversité de notre diète, des fruits jusqu'à la viande en passant par le baba au rhum, n'est possible que parce qu'un lointain ancêtre mammifère a développé une bouche comportant plusieurs

Un tritheledontidé et un élément de sa mâchoire supérieure découvert en Nouvelle-Écosse. Fragment de mâchoire par Laszlo Meszole.

types de dents capables d'occlusion précise. Et, en effet, c'est bien l'étape initiale de cette évolution qu'on observe chez le tritheledontidé et d'autres aïeux : ses dents frontales ne présentent pas le même tranchant ni les mêmes cuspides que celles du fond.

Des dents et des os – le plus dur

Il va quasiment sans dire que ce qui fait la spécificité des dents par rapport aux autres organes, c'est leur dureté. Il faut qu'elle soit supérieure à celle des aliments qu'elles broient ; imaginez devoir découper un bifteck avec une éponge. Si les dents sont dures comme... de la roche, c'est qu'une certaine molécule de cristal entre dans leur composition. L'hydroxyapatite, c'est son nom, imprègne l'infrastructure moléculaire et cellulaire des dents et des os, ce qui les rend résistants à la torsion, la compression ou d'autres types de pression. La dureté de la dent provient du fait que sa couche extérieure, l'émail, est sensiblement plus riche en hydroxyapatite que tout autre élément du corps, os compris. C'est l'émail qui lui confère éclat et blancheur. Mais ça n'est bien sûr que la première des diverses couches qui composent la dent. Les couches intérieures, comme la dentine, contiennent, elles aussi, de l'hydroxyapatite.

Beaucoup d'animaux possèdent des tissus durs – les palourdes et les homards, par exemple, – mais tous n'emploient pas d'hydroxyapatite. Le homard et la palourde exploitent d'autres matériaux, comme le carbonate de calcium ou la chitine. En outre, contrairement à nous, ils sont dotés d'un exosquelette, un squelette qui leur couvre le corps. Notre dureté à nous est à l'intérieur.

La forme particulière que revêt chez nous cette dureté, les dents dans la bouche et les os dans le corps, est un élément déterminant de notre identité. Les tissus riches d'hydroxyapatite nous permettent de manger, de nous déplacer, de respirer, et même de métaboliser certains minéraux. Hommage soit donc rendu pour tous ces avantages à l'ancêtre que nous partageons avec tous les poissons. Chaque poisson, batracien, reptile, oiseau et mammifère de la planète est, comme nous, doté d'éléments contenant de l'hydroxyapatite. Mais d'où donc lui sont-ils venus ?

La question en appelle une autre, d'ordre intellectuel. Le fait de savoir où, quand et comment est apparue la dureté des os et des dents ne manquera pas de nous conduire à vouloir comprendre aussi pourquoi. Pourquoi nos tissus durs sont-ils apparus ? Était-ce pour protéger l'animal de son milieu ? Pour lui permettre de se déplacer ? Les réponses se trouvent dans le registre des fossiles, dans la roche d'environ 500 millions d'années.

Parmi les fossiles les plus communs des anciens océans, entre 500 et 250 millions d'années, il y a celui qu'on appelle le conodonte, découvert dans les années 1830 par le grand biologiste russe Christian Pander, auquel nous reviendrons dans un prochain chapitre. Les conodontes sont de petits organismes dotés d'une carapace d'où émergent plusieurs pointes. Depuis l'époque de Pander, on en a trouvé sur tous les continents, au point qu'à certains endroits il est impossible de casser le moindre caillou sans en rencontrer. On en connaît des centaines de types.

Le conodonte est longtemps resté une énigme : les savants ne s'entendaient pas sur sa classification parmi les animaux, les végétaux ou même les minéraux. Chacun y allait de sa petite théorie. Il s'agissait, au choix, de morceaux de palourde, d'éponges, de vertébrés ou même de vers. Les spéculations ont cessé net le jour où des spécimens complets ont commencé à affluer.

Le premier exemplaire permettant de répondre à toutes les questions a été découvert par un professeur de paléontologie qui fouillait dans les caves de l'université d'Édimbourg : s'y trouvait un bloc de pierre contenant quelque chose qui ressemblait à une lamproie. Peut-être le souvenir de cet animal vous est-il resté des cours de sciences naturelles. C'est un poisson très primaire dépourvu de mâchoire. Il vit collé à d'autres poissons, et se nourrit de leurs sécrétions. Sur l'empreinte de la lamproie, à l'avant, étaient incrustés de petits fossiles à l'air étrangement familier : des conodontes. D'autres fossiles de ce type ont surgi de la roche en Afrique du Sud, puis dans l'ouest des États-Unis. Toutes ces créatures avaient un trait commun : leur bouche contenait un groupe de conodontes. La conclusion s'imposait : les conodontes étaient des dents. Mais pas n'importe quelles dents. C'étaient les dents d'un ancien poisson sans mâchoire.

Il nous a fallu plus de cent cinquante ans pour comprendre que nous étions en possession des plus vieilles dents du registre des fossiles. Cela s'explique par le mode de préservation des fossiles. Les parties dures, comme les dents, résistent plutôt bien. Les parties molles, comme les muscles, la peau ou les viscères, se décomposent habituellement sans avoir pu fossiliser. Les placards de nos musées croulent sous les fossiles de squelettes, de carapaces et de dents, mais ils ne contiennent que de très rares et précieux spécimens de tripes ou de cervelle. Des tissus mous, on ne dispose généralement que de la trace : empreinte ou moulage. Le registre des fossiles regorge de conodontes, mais on a mis cent cinquante ans à trouver le corps auquel ils appartenaient. De ce corps, une autre caractéristique se détache des autres : il ne possédait pas d'os rigide. C'était un animal à corps mou mais à la dent dure.

Les paléontologues ont passé des années à débattre des causes premières de l'apparition des squelettes rigides, à base d'hydroxyapatite. Pour ceux qui pensaient que l'apparition du squelette avait commencé par la mâchoire, la colonne vertébrale ou la carapace, le conodonte a été une « dent encombrante », si l'on peut dire. Les dents sont le premier organe à avoir contenu de l'hydroxyapatite. La dureté n'est pas apparue pour protéger l'animal mais pour le manger. C'est ce qui a vraiment donné naissance au monde où le « poisson mange le poisson ». D'abord, les gros ont mangé les petits ; puis une course aux armements s'est enclenchée. Les petits ont développé une carapace, les gros se sont dotés de plus grandes mâchoires pour la briser, et ainsi de suite. Les dents et les os ont littéralement chamboulé le paysage concurrentiel.

Tout cela gagne encore en intérêt si l'on se penche sur certains des premiers animaux dotés d'une tête osseuse. Quand on remonte le temps à partir des premiers conodontes, on ne tarde pas à rencontrer le premier squelette à tête osseuse, l'ostracoderme, un poisson d'environ 500 millions d'années présent dans les roches du monde entier, de l'Arctique à la Bolivie. On dirait un hamburger avec une queue charnue.

L'encéphale de l'ostracoderme est un gros disque recouvert d'un bouclier osseux ressemblant à une armure. Si, ouvrant un tiroir du musée, je vous en montrais un exemplaire, un fait ne manquerait pas de vous frapper immédiatement : le squelette de la tête est très luisant, tout à fait comme nos dents ou les écailles du poisson.

Parmi les joies de la carrière scientifique, il y a le fait que la nature vous offre largement de quoi vous émerveiller et vous surprendre. L'ostracoderme, cet obscur poisson préhistorique sans mâchoire nous en fournit un bel exemple. Il s'agit donc de l'une des plus anciennes créatures dotées d'une tête osseuse. Si l'on découpe l'os du crâne, qu'on le met sous plastique et qu'on l'analyse au microscope, on n'y trouve pas n'importe quelle composition ; c'est pratiquement la même que celle de nos dents. Il y a une couche d'émail et même une de pulpe. La

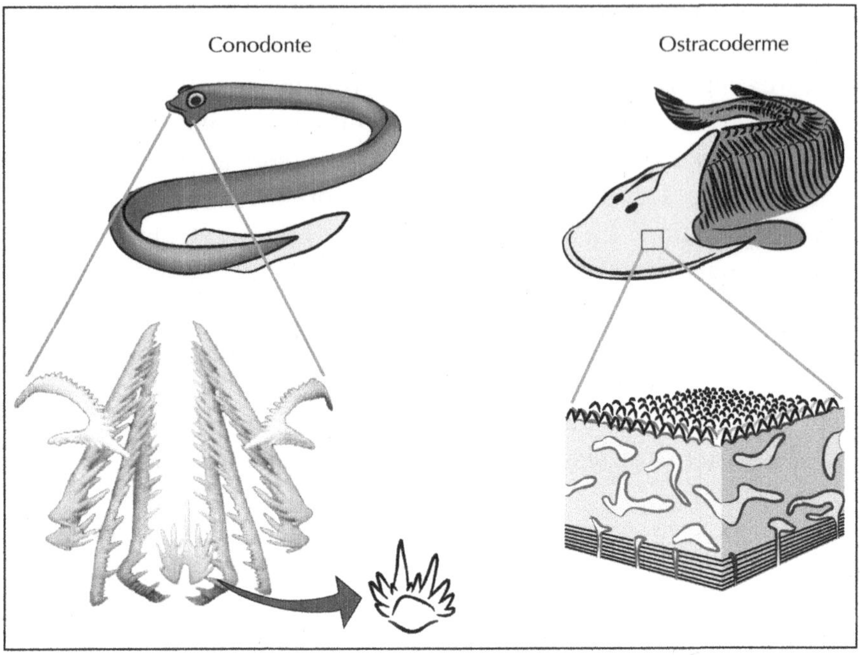

Un conodonte (gauche) et un ostracoderme (droite). On n'a d'abord trouvé que des conodontes. Puis, une fois connu l'animal tout entier, on a constaté qu'ils opéraient en nombre, comme une rangée de dents, dans la bouche de cet animal à corps mou et sans mâchoire. La tête de l'ostracoderme est recouverte d'une carapace brillante. Les couches microscopiques de cette carapace sont composées de petits éléments semblables à des dents. Reconstitution de dent de conodonte reproduite avec l'autorisation du Dr Mark Purnell, de l'université de Leicester, et du Dr Philip Donoghue, de celle de Bristol.

carapace tout entière est en fait constituée de milliers de petites dents collées l'une à l'autre. Ce crâne osseux – l'un des premiers figurant au registre des fossiles – est entièrement composé de dents minuscules. Si les dents sont d'abord apparues pour mordre, elles ont ensuite été déclinées pour servir un nouveau mode de protection.

Des dents, des glandes et des plumes

L'apparition des dents n'annonce pas seulement un bouleversement total des règles de la vie, elle inaugure un nouveau mode de fabrication des organes. Les dents se forment par l'interaction de deux couches de tissu dans la peau en développement. Disons simplement que deux couches s'approchent l'une de l'autre, les cellules se divisent, et les couches changent de forme et fabriquent des protéines. La couche extérieure libère les précurseurs moléculaires de l'émail, la couche intérieure libère la dentine et la pulpe qui constitueront l'intérieur de la dent. La structure de la dent se fait d'abord grossièrement, puis s'affine selon le schéma des cuspides et des creux propres à chaque espèce.

Ce qu'il faut retenir ici, c'est que l'interaction de ces deux couches de tissu – une feuille externe de cellules et une autre, interne, distendue – provoque une pliure et incite chaque couche à sécréter les molécules qui composeront l'organe. Il se trouve que ce procédé sous-tend la formation de tous les dérivés qui se développent dans la peau : écailles, poils, plumes, glandes sudoripares et même mammaires. Chaque fois, deux couches s'assemblent, adoptent une forme donnée et sécrètent des protéines. En fait, les batteries d'interrupteurs génétiques activés dans le processus sont essentiellement les mêmes quel que soit le type de tissu.

C'est un peu comme l'exploitation d'une nouvelle usine, ou d'un nouveau procédé d'assemblage. À partir du jour où fut inventée l'injection plastique, celle-ci est entrée dans la fabrication d'à peu près tout, des pièces d'automobiles aux yoyos. Il en est de même pour les dents. Une fois que leur procédé de fabrication a existé, il s'est adapté à la fabrication des divers organes nichés dans la peau. Nous en avons vu un exemple particulièrement poussé avec l'ostracoderme. Oiseaux, reptiles et humains ne sont, à bien des égards, pas moins étonnants. Jamais nous n'aurions eu d'écailles, de plumes ou de mamelles si nous n'avions commencé par développer des dents. Les outils de développement intervenant dans la fabrication des dents se sont

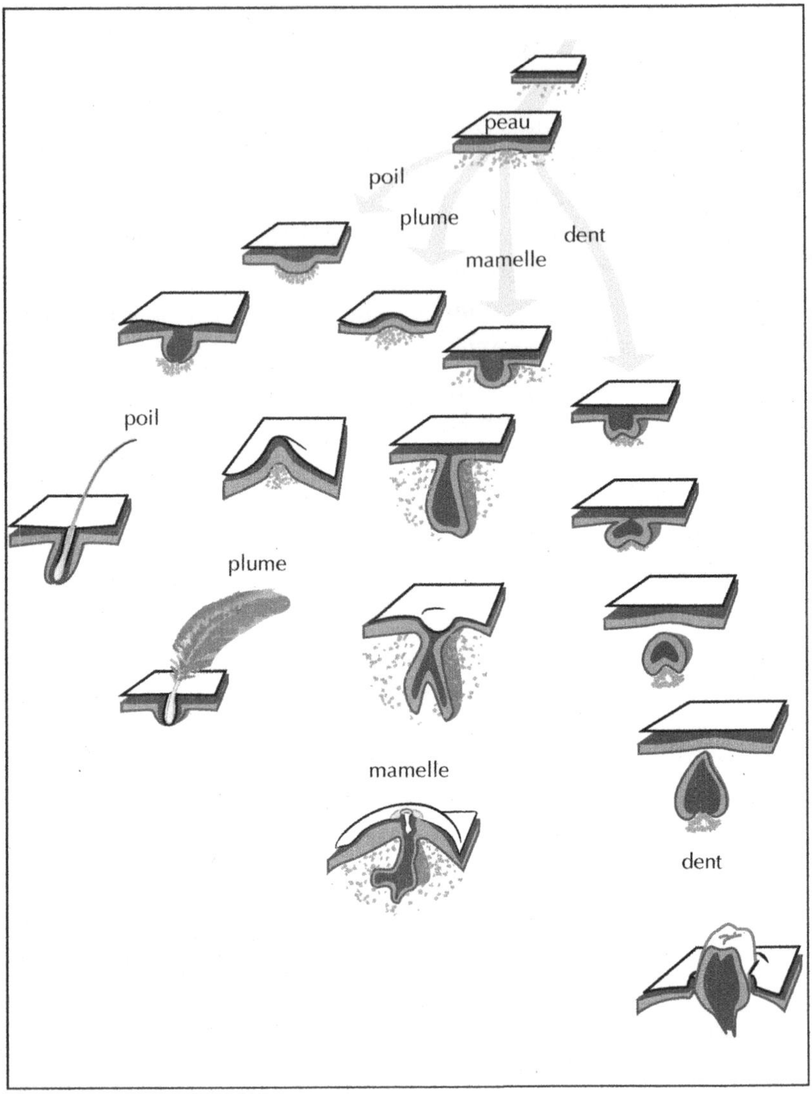

Dents, mamelles, plumes et poils, tous naissent de l'interaction de deux couches de peau.

réadaptés pour produire d'autres structures cutanées majeures. De façon très concrète, si différentes soient-elles, les dents, les plumes et les mamelles, sont indissolublement liées par l'histoire.

Dans les quatre chapitres qui précèdent, il a beaucoup été question de trouver des organes communs à des créatures différentes. Au premier, on a vu qu'il était possible de faire des prédictions conduisant à la découverte d'anciennes versions de nos organes dans la roche. Au deuxième, qu'on retrouve des os similaires tout le long du chemin menant du poisson à l'homme. Le troisième chapitre montre que la part vraiment héréditaire de notre corps, l'ADN et la recette génétique des organes, est présente dans des créatures sensiblement différentes. Et nous venons de voir dans celui-ci que les dents, les glandes mammaires et les plumes partagent un thème très similaire. Les processus biologiques qui leur donnent corps sont des déclinaisons d'une seule et même chose. Une fois qu'on a perçu la profonde similarité qui lie des organes et des corps très différents, on commence à entrevoir que tous les habitants de ce monde sont autant de versions d'un même thème.

5

Bille en tête

L'avant-veille de mon grand examen final d'anatomie, j'étais encore au laboratoire à deux heures du matin, totalement absorbé dans la mémorisation des nerfs crâniens. Ces derniers sont au nombre de douze, ils se ramifient et décrivent d'invraisemblables lacets à travers l'intérieur du crâne. On les étudie sur un crâne fendu du front au menton et dont les pommettes ont été ouvertes à la scie. J'étais donc là, un demi-encéphale dans chaque main, m'appliquant à suivre le parcours tortueux des nerfs depuis le cerveau jusqu'aux différents muscles et organes sensoriels qu'il contient.

Deux de ces nerfs crâniens me semblaient particulièrement fascinants, le trijumeau et le facial. La complexité de leur trame se résume à une idée si élémentaire, si insolemment simple qu'elle a bouleversé toute ma perception de la tête humaine. L'illumination m'est venue lorsque j'ai compris le fonctionnement, nettement plus primaire, du requin. La beauté de ce que je saisissais – qui n'avait rien d'une nouveauté : l'anatomie comparative l'avait perçue près d'un siècle plus tôt – et la pression de l'examen qui s'annonçait m'ont fait oublier où je me trouvais. À un moment donné, j'ai levé les yeux. Il était deux heures du matin et je me trouvais au laboratoire, seul, et accessoirement entouré des cadavres de vingt-cinq personnes recouverts d'un drap. Pour la première et la dernière fois de ma vie, j'ai vraiment eu la trouille. Je me suis tellement monté la tête que les poils se sont hérissés sur ma nuque, et que mes pieds ont fait leur travail, si bien qu'en une nanoseconde, j'étais à l'arrêt de bus, hors d'haleine. Il va sans dire que je me suis senti ridicule. Je me rappelle avoir songé : Shubin, t'es vraiment grave. Mais je n'ai pas trop eu le temps de ruminer cette mauvaise pensée : je me suis vite aperçu que j'avais laissé à l'intérieur les clefs de chez moi.

Ce qui m'avait rendu « grave » à ce point, c'est que l'anatomie de la tête est très captivante, d'une grande beauté en vérité. C'est bien l'une des joies de la science que, de temps à autre, on distingue un motif révélant l'ordre profond de ce qui paraissait initialement chaotique. Un embrouillamini prend soudain sa place au sein d'un tout limpide, et l'on croit voir directement à travers une chose son essence. C'est de cela que traite le présent chapitre : percevoir cette essence-là à l'intérieur de notre tête. Et, bien entendu, de celle des poissons.

Le chaos interne de la tête

L'anatomie de la tête n'est pas seulement complexe, elle est difficile à voir, puisque, contrairement aux autres parties du corps, les tissus sont encapsulés dans une boîte osseuse. Il faut littéralement scier la joue, le front et le crâne pour en apercevoir les vaisseaux et les organes. Une fois la tête humaine ainsi ouverte, on tombe sur ce qui pourrait ressembler à un entrelacs de lignes de pêche. Vaisseaux et nerfs, en traversant le crâne, décrivent de drôles de boucles. Des milliers de ramifications nerveuses, de muscles et d'os sont précisément configurés dans cette petite boîte. Tout cela n'est à première vue qu'un désarmant fatras.

Les os qui composent notre crâne présentent trois types de forme : des plaques, des blocs et des bâtons. Les plaques couvrent notre cerveau. Tapotez-vous le sommet du crâne, c'est ce que vous sentez. Ces grandes plaques s'assemblent comme les pièces d'un puzzle pour constituer l'essentiel de la boîte crânienne. À la naissance, elles sont séparées ; les interstices, les fontanelles, restent apparents chez le bébé, et l'on peut même les voir palpiter au rythme du tissu cérébral qui se trouve juste au-dessous. Au fil de la croissance, les os grandissent, et, à l'âge de deux ans, les plaques ont fusionné.

Toujours dans notre crâne, sous le cerveau, se trouve la plate-forme osseuse qui le soutient. À la différence des plaques du sommet du crâne, ces os-là sont des blocs complexes parcourus de toute part d'artères et de nerfs. Le troisième type d'os est celui qui compose notre mâchoire et certaines parties de l'oreille et de la gorge ; au début de leur croissance, ces os ont l'aspect de bâtons, puis ils adoptent la forme qui nous vaudra la faculté de mâcher, d'avaler et d'entendre.

Le crâne comporte plusieurs compartiments et cavités qui abritent différents organes. Évidemment, le cerveau occupe le plus vaste. D'autres sont réservés aux yeux, à certains éléments de l'oreille et à la structure du nez. La compréhension de l'anatomie de la tête repose en bonne part sur la connaissance en trois dimensions de ces différents organes et espaces.

Les os et les organes de notre tête sont rattachés aux muscles que nous employons pour mordre, parler, mouvoir les yeux ou la tête tout entière. Douze nerfs desservent ces muscles, ils émergent du cerveau et suivent chacun leur parcours jusqu'à une région donnée de la tête. Ce sont les fameux nerfs crâniens tant redoutés.

Quand on cherche à comprendre le fonctionnement élémentaire de la tête, le déclic survient lorsqu'on perçoit les nerfs crâniens comme autre chose qu'un immense embrouillamini. Ils sont en vérité fort simples, pour la plupart. Certains n'exercent qu'une seule fonction et ne sont raccordés qu'à un seul muscle ou organe. Celui qui est relié à notre structure nasale, le nerf olfactif, n'a qu'une mission : transporter les informations des tissus nasaux au cerveau. D'autres, reliés aux yeux et aux oreilles, ne sont pas plus compliqués : le nerf optique s'occupe de vision ; l'acoustique, d'ouïe. Quatre encore ne desservent que des muscles – ils font

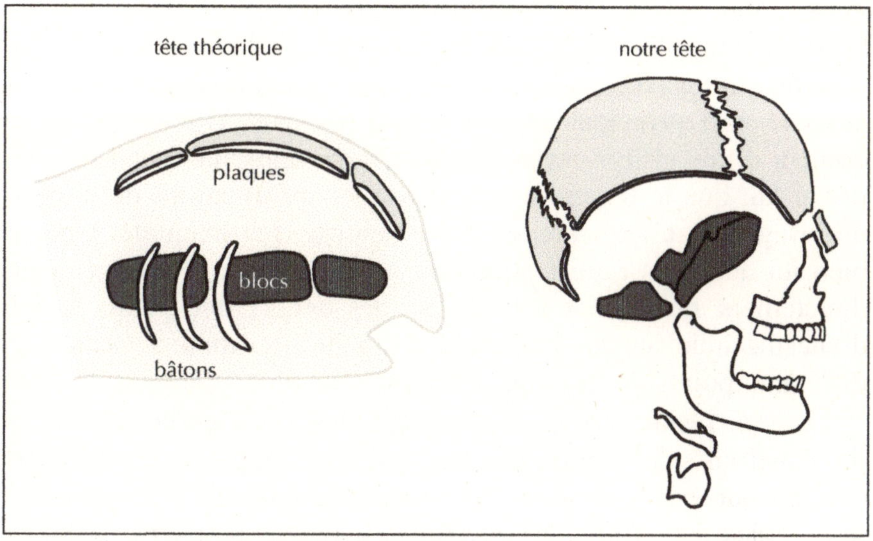

Plaques, blocs et bâtons : tels sont les ingrédients de base du crâne. Chacun des os qui le composent prend source dans l'une de ces figures.

bouger les yeux dans leur orbite, par exemple, ou tourner la tête sur le cou.

Mais il en reste quatre qui depuis des décennies sont le cauchemar des étudiants en médecine. Il faut dire qu'il y a de quoi : leurs fonctions sont particulièrement complexes et les voies qu'ils empruntent pour les remplir sont des plus tortueuses. Le nerf trijumeau et le facial méritent à cet égard une mention spéciale. L'un et l'autre émergent du cerveau pour se subdiviser en un étourdissant réseau de ramifications. À la façon d'un câble véhiculant à la fois la télévision, l'Internet et le téléphone, un seul brin du nerf trijumeau ou du nerf facial transporte des informations traitant aussi bien de sensation que d'action. Les fibres individuelles de la sensation et de l'action émanent de différents points du cerveau, elles se tressent sous forme de câbles (qu'à l'arrivée nous nommons nerfs trijumeau et facial), avant de se séparer à nouveau en branches à travers toute la tête.

Le trijumeau remplit à travers ses ramifications deux fonctions principales : il actionne les muscles de la majeure partie du visage, dont il véhicule les informations sensorielles jusqu'au cerveau. Il contrôle aussi bien les muscles de la mastication que d'autres, minuscules, situés au fond de l'oreille. Le trijumeau est aussi le nerf principal des sensations faciales. L'intensité de la douleur d'une gifle s'explique, outre sa composante émotionnelle, par le fait que le trijumeau transporte les informations de la peau du visage jusqu'au cerveau. Votre dentiste, par exemple, connaît bien lui aussi les ramifications du nerf trijumeau. Certaines sont directement raccordées à la racine des dents ; une petite piqûre d'anesthésique sur une branche suffit à étouffer toute sensation en différents points de la rangée dentaire.

Le nerf facial, lui aussi, contrôle des muscles et relaie des informations sensorielles. Comme son nom l'indique, c'est le nerf qui se charge des muscles de l'expression faciale. Ces muscles minuscules nous font sourire, faire la grimace, hausser ou froncer les sourcils, écarter les narines, et ainsi de suite. Ils portent des noms magnifiquement évocateurs. L'un des principaux responsables de notre mine boudeuse – il rabat les coins de la bouche – s'appelle *depressor anguli oris*. Un autre, qui nous fait froncer les sourcils en signe de préoccupation, *corrugator supercilii*. Écartez les narines, et ce sont les *nasalis* que vous actionnez. Chacun de ces muscles, comme tous ceux qui font les expressions du visage, est contrôlé par des branches du nerf facial. Un sourire en biais, ou des paupières tombant de façon asymétrique peuvent indiquer la présence d'un dysfonctionnement du nerf facial latéral du visage d'un individu.

Sans doute ne voyez-vous toujours pas en quoi tout cela a pu m'amener à veiller si tard. Il n'est pas grand-chose à leur sujet qui paraisse faire sens. Le nerf trijumeau et le nerf facial étendent par exemple tous deux de minuscules branches jusqu'à certains muscles de l'oreille interne. Pourquoi deux nerfs distincts, qui innervent des parties totalement différentes du visage et de la mâchoire, envoient-ils des branches à des muscles de l'oreille quasiment adjacents ? Plus perturbant encore, le trijumeau et le facial s'entrecroisent en expédiant des branches jusqu'au visage et à la mâchoire. Pourquoi ? Des fonctions à ce point redondantes et des chemins si tortueux semblent ne conférer ni rime ni raison à la structure qu'ils servent, et moins encore au regard de leur relation aux plaques, blocs et bâtons qui composent le crâne.

L'évocation de ces nerfs me renvoie à mes premiers jours à Chicago, en 2001. On m'avait fait de la place pour installer un laboratoire de recherche dans un bâtiment vieux d'un siècle, et il fallait entièrement rénover le circuit électrique, la plomberie et la ventilation. Je me souviens du moment où les ouvriers ont fendu le mur pour accéder aux entrailles de l'édifice. Leur réaction devant l'état du câblage et de la tuyauterie était exactement la même que la mienne lorsque, à l'ouverture d'une boîte crânienne humaine, j'avais vu pour la première fois les nerfs trijumeau et facial. Les gaines, les câbles et les tuyaux étaient totalement entremêlés. Il ne viendrait à l'idée de personne de concevoir un bâtiment comme cela, avec un tel méli-mélo de fils et de tuyaux.

Tel est précisément mon propos. Mon immeuble date de 1869, et son versant technique est le produit d'une conception originelle dépassée qu'on a rafistolée à chaque rénovation. Pour comprendre le câblage et la plomberie de mon immeuble, il faut en connaître l'histoire, celle des rénovations engagées par chaque nouvelle génération de scientifiques. Notre tête aussi possède une longue histoire, et cette histoire explique la complexité des nerfs tels le trijumeau et le facial.

Pour nous, tout cela commence par un œuf fertilisé.

L'essence dans l'embryon

Nul ne démarre sa vie pourvu d'une tête : le spermatozoïde et l'œuf se rencontrent pour ne constituer qu'une cellule unique. Entre l'instant de la conception et la troisième semaine, on passe de l'état de simple cellule à celui d'amas de cellules, puis à un ensemble de cellules en forme de disque, puis à quelque chose qui ressemble vaguement à un tuyau et comporte plusieurs types de tissus. Entre le vingt-troisième et le vingt-huitième jour, l'extrémité avant du tuyau s'épaissit et se courbe sur le corps, mettant déjà l'embryon dans quelque chose qui ressemble à la position fœtale. À ce stade, la tête a l'air d'un gros globule. C'est à la base de ce globule que se cache la clé d'une bonne part de l'organisation de notre tête.

Quatre petits bourrelets se forment en périphérie de ce qui deviendra la gorge. Vers trois semaines, les deux premiers sont visibles ; les deux autres n'apparaissent que quatre jours plus tard. De l'extérieur, ces bourrelets, qu'on nomme « arcs branchiaux », n'ont l'air de rien : un petit renflement, séparé du suivant par une petite pliure. C'est en observant ce qu'il advient de ces bourrelets et de ces pliures qu'on entrevoit tout l'ordre et la beauté de la conception de la tête, nerfs trijumeau et facial compris.

Parmi les cellules composant chaque arc, certaines fabriqueront du tissu osseux, d'autres du muscle ou des vaisseaux sanguins. À l'intérieur de l'arc se trouve un savant mélange de cellules ; certaines se sont divisées sur place, mais d'autres ont parcouru de longues distances pour y pénétrer. C'est en identifiant la destination finale chez l'adulte des cellules de chaque arc que les choses commencent à faire sens.

À l'arrivée, les tissus du premier arc formeront la mâchoire inférieure et supérieure, deux os minuscules de l'oreille (le marteau et l'enclume), et l'ensemble des vaisseaux et des muscles qui les desservent. Le deuxième constituera le troisième osselet de l'oreille (l'étrier), un tout petit os de la gorge, et la plupart des muscles contrôlant les expressions du visage. Le troisième arc donnera les os, les muscles et les nerfs situés plus profond dans la gorge ; ce sont ceux qui nous servent à avaler. Enfin, le quatrième fabrique les parties les plus profondes de la gorge, dont certains éléments du larynx et les muscles et vaisseaux qui l'entourent et en assurent le fonctionnement.

Si l'on pouvait se rétrécir jusqu'à la taille d'une tête d'épingle et se déplacer dans la bouche de l'embryon en développement, on y verrait les creux correspondant à l'intérieur de chaque bourrelet, qui sont évidemment aussi au nombre de quatre. Et, comme à l'extérieur, les cellules de ces creux donnent lieu à d'importantes structures. Le premier s'allonge pour constituer la trompe d'Eustache et d'autres structures de l'oreille interne. Le deuxième constitue la cavité qui abrite les amygdales. Le troisième et le quatrième fabriquent des glandes majeures, comme la parathyroïde, le thymus et la thyroïde.

Ce que nous venons de voir, c'est l'une des meilleures astuces permettant de comprendre les plus abscons des nerfs crâniens et d'importantes parties du cerveau. Lorsqu'on pense nerf trijumeau, il faut penser premier arc. Nerf facial, deuxième arc. Si le trijumeau est à la fois connecté à la mâchoire et à l'oreille, c'est que toutes les structures qu'il dessert sont celles qui se sont développées dans le premier arc. On peut en dire autant du nerf facial et du deuxième arc. Quel rapport entre l'expression du visage et les muscles de l'oreille, tous deux desservis par le nerf facial ? Ce sont des dérivés du deuxième arc. Quant aux nerfs du troisième et quatrième arc, la complexité de leur cheminement s'explique par le fait qu'ils innervent des structures émergées de leur arc respectif. Ces nerfs, notamment le glossopharyngien et le nerf vague, suivent le même chemin que ceux de devant, et chacun dessert des structures issues de l'arc qui lui est associé.

Ce schéma fondamental de la tête nous permet de comprendre l'un des grands mystères de l'anatomie. En 1820, raconte-t-on, Johann Goethe se promenait dans le cimetière juif de Vienne quand il aperçut le squelette en décomposition d'un bélier. Au-dessus des vertèbres apparentes gisait un crâne endommagé. Dans un moment d'illumination, Goethe a constaté que les lignes de fracture du crâne lui conféraient l'allure d'un paquet de vertèbres écrasées. Il n'en fallait guère plus pour faire naître en lui l'intuition d'un schéma interne : la tête est constituée de vertèbres qui ont fusionné avant de développer une voûte destinée à contenir le cerveau et les organes sensoriels. L'idée était révolutionnaire en ce qu'elle faisait de la tête et du corps deux versions d'un même schéma directeur. Au début du XIXᵉ siècle, elle devait bien être dans l'air du temps puisque d'autres, dont Lorenz Oken, l'ont exprimée au même moment.

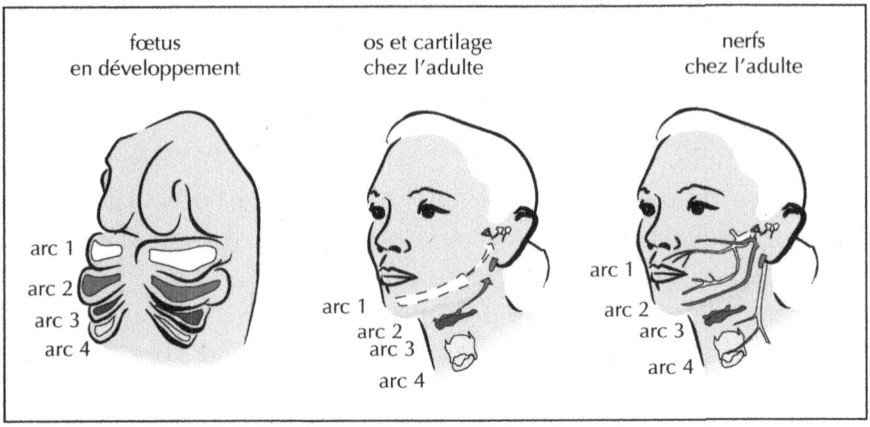

L'évolution des arcs branchiaux de l'embryon à l'adulte permet de retracer l'origine des mâchoires, des oreilles, du larynx et de la gorge. Les os, muscles, nerfs et artères qui les composent se développent à partir de ces arcs.

Goethe et Oken touchaient du doigt quelque chose de très profond, mais ils ne pouvaient pas en avoir conscience. Notre corps est segmenté, et c'est au niveau des vertèbres que cela apparaît le plus clairement. Chaque vertèbre est un bloc qui représente un segment de notre corps. L'organisation de nos nerfs aussi est segmentée, en relation étroite avec le schéma des vertèbres. Les nerfs émergent de la moelle épinière pour desservir le corps. La configuration segmentée apparaît nettement quand on observe le niveau de la moelle épinière associé à chaque partie du corps. Les muscles des jambes, par exemple, sont desservis par des nerfs qui émergent de parties plus basses que celles d'où émergent les nerfs desservant les bras. Bien qu'il n'en paraisse rien, la tête aussi obéit à un schéma très nettement segmenté. Les arcs définissent des segments d'os, de muscles, d'artères et de nerfs. Ce schéma n'est aucunement observable chez l'adulte. Il n'est visible que chez l'embryon.

Sur le chemin qui mène du stade embryonnaire au stade adulte, notre crâne perd toute trace de ces origines segmentaires. Les os en plaque du crâne se constituent au-dessus de nos arcs, et les muscles, les nerfs et artères qui suivaient au départ un schéma segmentaire très simple, voient leur câblage évoluer jusqu'à composer la tête adulte.

Cette connaissance du développement nous permet, entre autres, de savoir où il convient de rechercher les déficiences des enfants porteurs d'une malformation à la naissance. Ceux qui souffrent d'un dysfonctionnement du premier arc, par exemple, sont dotés d'une mâchoire minuscule et d'oreilles dépourvues de marteau ou d'enclume. Il leur manque les structures qui auraient dû se constituer à partir du premier arc.

Les arcs sont la carte routière des principales parties du crâne, des nerfs crâniens les plus complexes aux muscles, artères, os et glandes qu'il contient. Ils nous contraignent aussi à faire un constat : celui du lien très intime qui nous unit au requin.

Le requin qui est en nous

L'image est éculée, certains milieux professionnels seraient composés d'une catégorie particulièrement vorace de requins. Au temps où j'enseignais l'embryologie, je me souviens avoir pensé qu'elle valait en fait pour chacun de nous. Au fond, nous sommes tous des requins modifiés.

On l'a vu, le mystère de l'encéphale repose en bonne part dans les arcs branchiaux, ces bourrelets qui nous livrent la carte routière des nerfs crâniens et des principales structures de l'encéphale. Ces bourrelets et ces creux apparemment insignifiants ont captivé les scientifiques pendant cent cinquante années, parce qu'ils ressemblent aux lamelles branchiales qu'on trouve dans la région de la gorge des poissons et des requins.

L'embryon du poisson présente aussi ces bourrelets et ces creux. Chez le poisson, les bourrelets finissent par s'ouvrir pour constituer les fentes par où l'eau s'écoulera entre les branchies. Chez nous, normalement, ces espaces se scellent. Parfois, certains ne le font pas et demeurent ouverts sous forme de poche ou de kyste. Le kyste branchial, par exemple, est souvent dû à l'accumulation d'un liquide bénin au sein d'une poche dans le cou ; cette poche se constitue par défaut de résorption du troisième ou quatrième arc. Il arrive, de façon très rare, qu'un enfant naisse porteur d'un vestige de cet ancien cartilage d'arc branchial, un bâtonnet équivalent à une baguette branchiale du troisième arc. Lorsque tel est le cas, l'intervention de mes collègues chirurgiens vise en fait un poisson intérieur malheureusement revenu nous mordre.

La tête de tout animal, qu'il soit requin ou humain, compose avec ces quatre arcs dans son développement. Ce qui nous offre l'occasion d'une comparaison détaillée de notre tête avec celle du requin.

Le premier arc de l'un et l'autre présente de grandes similitudes : c'est celui de la mâchoire. La principale différence, c'est qu'il donne aussi lieu chez l'homme aux os de l'oreille, pas chez le requin. On ne s'étonnera pas de constater par ailleurs que le nerf crânien qui dessert la mâchoire du requin est celui du premier arc, le nerf trijumeau.

Les cellules du deuxième arc se divisent, changent de forme et donnent naissance à une tige de cartilage et de muscle. Chez nous, cette tige se brisera pour former l'un des trois os de l'oreille

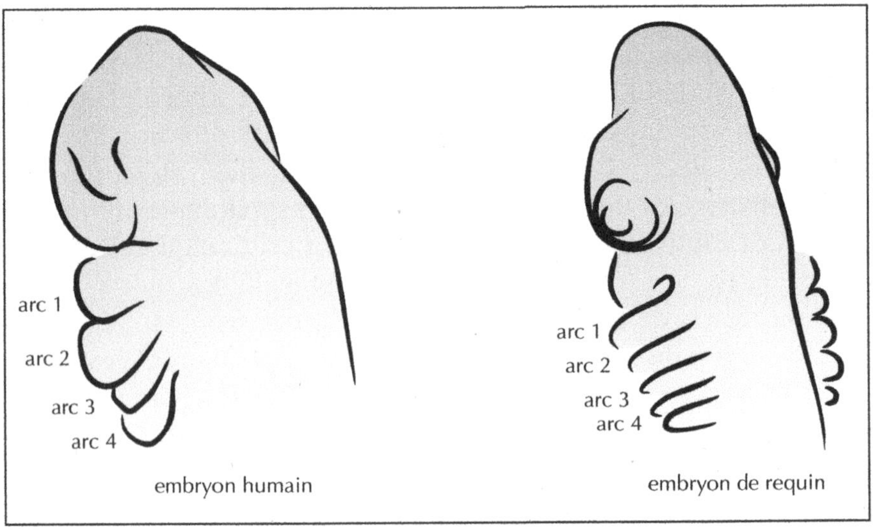

À un stade précoce du développement, la région des ouïes est très semblable chez le requin et chez l'homme.

moyenne (l'étrier) et divers petits éléments logés à la base de la tête et dans la gorge. L'un d'eux, l'os hyoïde, nous permet de déglutir. La prochaine fois que vous avalerez une gorgée en écoutant de la musique, remerciez les structures que produit votre deuxième arc.

Chez le requin, la tige du deuxième arc se brise pour constituer deux os soutenant la mâchoire : l'un, en dessous, est comparable à notre os hyoïde, et l'autre, dessus, supporte la mâchoire supérieure. S'il vous a jamais été donné de voir un grand requin blanc chercher à happer quelque chose – un plongeur dans une cage, par exemple – vous aurez sans doute remarqué que la mâchoire supérieure est capable d'un mouvement particulier d'extension puis de rétraction au moment de la morsure. Cela lui est rendu possible par un système de levier osseux dans lequel l'os supérieur de ce deuxième arc pivote. Mais cet os possède une autre propriété remarquable : il ressemble à l'un des os de notre oreille moyenne, l'étrier. Les os qui, chez le requin, soutiennent la mâchoire supérieure et inférieure, nous servent à avaler et entendre.

Quant aux troisième et quatrième arcs, on constate que bon nombre des structures nous servant à parler et à déglutir font partie, chez le requin, des tissus composant les ouïes. Les muscles et le nerf crânien que nous employons pour avaler et parler servent, chez le requin et les poissons, à mouvoir les ouïes.

Si notre tête paraît incroyablement complexe, son développement n'en obéit pas moins à un plan à la fois simple et élégant. Tous les crânes de la Terre, que ce soit celui du requin, du poisson osseux, de la salamandre ou de l'homme, possèdent un patron commun. La découverte de ce patron a été l'une des grandes percées de l'anatomie au XIXe siècle, quand les microscopes se sont mis à scruter les embryons de tous types d'espèces. En 1872, le grand anatomiste d'Oxford Francis Maitland Balfour a été le premier à apercevoir les bourrelets, les arcs branchiaux et les structures à l'intérieur. Il est malheureusement mort aussitôt après, lors d'un accident dans les Alpes suisses. Il n'avait pas quarante ans.

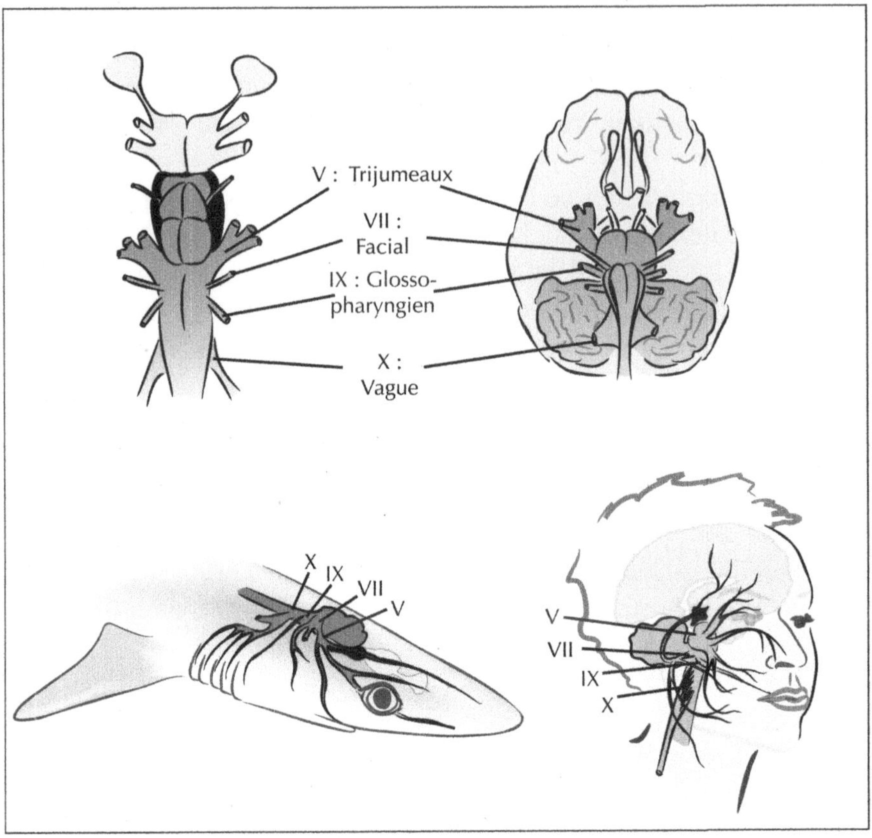

À première vue, nos nerfs crâniens (en bas à droite) paraissent très différents de ceux du requin (en bas à gauche). À y regarder de plus près, on constate toutefois de profondes ressemblances. La quasi-totalité de nos nerfs est aussi présente chez le requin. Mais cela ne s'arrête pas là : des nerfs équivalents chez l'homme et le requin desservent des structures semblables, et émergent même du cerveau dans le même ordre (en haut à gauche et à droite).

Génétique de l'arc branchial

Dans les trois semaines qui suivent la conception, des batteries entières de gènes s'activent et se désactivent dans nos arcs branchiaux et dans l'ensemble des tissus qui donneront lieu au cerveau. Les gènes transmettent leurs instructions aux cellules de façon qu'elles composent les différentes parties de la tête. Mettons que chaque région reçoit une adresse génétique qui la distingue des autres. En modifiant cette adresse, on peut modifier le type de structure qui s'y développera.

Il est par exemple un gène nommé *Otx* qui s'active dans la zone antérieure, là où se forme le premier arc branchial. Derrière, vers l'arrière de la tête, s'activent un certain nombre d'autres, nommés *Hox*. Chaque arc branchial possède une quantité différente de Hox actifs. On peut donc établir la carte de nos arcs branchiaux et de la constellation de gènes actifs dans l'élaboration de chacun.

Procédons à présent à quelques expériences : remplaçons l'adresse génétique d'un arc branchial par celle d'un autre. Prenons un embryon de grenouille, désactivons quelques gènes, uniformisons le signal génétique des deux premiers arcs, on obtient une grenouille à deux mâchoires : une mandibule se développe à l'endroit où devrait se trouver l'os hyoïde. C'est dire toute l'importance de l'adresse génétique dans la fabrication de nos arcs branchiaux. En modifiant l'adresse, vous modifiez les structures qui naîtront de l'arc. L'avantage de cette approche, c'est qu'elle nous permet de faire à présent des expériences autour de l'élaboration de notre tête : nous pouvons manipuler l'identité des arcs branchiaux presque à souhait, en modifiant l'activité des gènes à l'intérieur.

Sur les traces de la tête : des merveilles acéphales à nos ancêtres à tête

Pourquoi donc s'en tenir aux grenouilles et aux requins ? Pourquoi ne pas étendre la comparaison à d'autres créatures, insectes ou vers ? D'un autre côté, pourquoi le faire alors que ces bêtes ne possèdent pas de crâne, et moins encore de nerfs crâniens ? Ils n'ont même pas d'os. Quitter les poissons pour les vers, c'est entrer dans un monde très mou et sans tête. À y regarder d'un peu plus près, on y trouve pourtant des bribes de nous-mêmes.

Ceux d'entre nous qui enseignent l'anatomie comparée aux jeunes étudiants d'université entament généralement leur cours par une diapositive représentant l'*Amphioxus*. Chaque année, au mois de septembre, des centaines de diapositives de l'Amphioxus sont ainsi projetées dans les amphis. Pourquoi ? Rappelez-vous la simple dichotomie entre invertébrés et vertébrés. L'Amphioxus est un ver, un invertébré, qui partage de nombreux traits avec des animaux vertébrés comme les poissons, les batraciens et les mammifères. S'il est dépourvu de colonne vertébrale, il n'en possède pas moins une chaîne nerveuse qui lui court le long du dos, comme les autres. En outre, une tige suit le même parcours sur la longueur du corps, parallèle à la chaîne nerveuse. Emplie d'une substance gélatineuse, cette tige, nommée notochorde, offre un support au corps. À l'état d'embryon, nous sommes également dotés d'une notochorde, mais contrairement à celle de l'Amphioxus, la nôtre se rompt, et finit par intégrer les disques

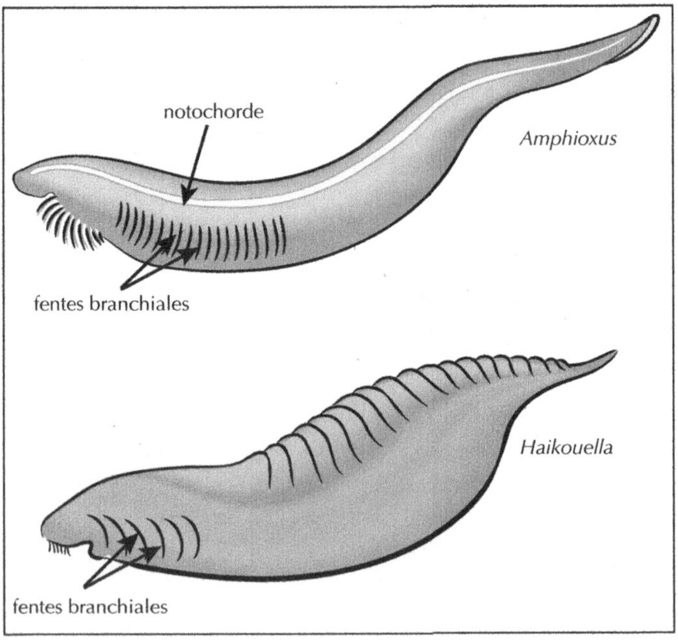

Les plus proches parents des animaux dotés d'une tête sont des vers dotés de fentes branchiales. Ci-dessus, l'*Amphioxus* et la reconstitution d'un ver fossilisé (l'*Haikouella*) de plus de 530 millions d'années. L'un et l'autre sont dotés d'une notochorde, d'une chaîne nerveuse et de fentes branchiales. On en possède plus de trois cents spécimens, provenant du sud de la Chine.

situés entre nos vertèbres. Lorsqu'un de ces disques se brise, la substance gélatineuse qui fut autrefois notochorde cause parfois des ravages en pinçant un nerf ou en gênant la mobilité d'une vertèbre par rapport à une autre. Lorsqu'un de nos disques s'endommage, c'est un élément très ancien de notre corps qui souffre. Et merci beaucoup à l'Amphioxus.

L'Amphioxus n'est pas unique parmi les vers. Certains des plus beaux exemples ne se trouvent pas dans nos mers actuelles mais dans la roche ancienne de Chine et du Canada. On trouve dans le sédiment d'il y a plus de 500 millions d'années de petits vers sans tête, cerveau ni nerfs crâniens. Ces petites salissures sur la roche n'ont l'air de rien, mais l'état de préservation de ces fossiles est proprement incroyable. Quand on les observe au microscope, on trouve des empreintes parfaitement intactes, qui ne cachent rien du moindre détail de leur douce anatomie, avec parfois même l'empreinte de la peau. Ils révèlent par ailleurs autre chose de tout aussi merveilleux. Ce sont les plus anciennes créatures dotées d'une notochorde et d'une chaîne nerveuse. Ces vers nous livrent un message à propos des origines de certaines parties de notre corps.

Mais nous avons avec ces petits vers un autre point commun : les arcs branchiaux. L'Amphioxus, par exemple, en compte abondamment et, chez lui, à chaque arc est associé une petite barrette de cartilage. Comme le cartilage constituant nos mâchoires, nos oreilles et une partie de notre larynx, ces barrettes soutiennent les fentes branchiales. Le fondement de notre tête remonte au ver, dont l'organisme est pourtant lui-même dépourvu. Quelle utilité peuvent bien avoir les fentes branchiales pour l'Amphioxus ? Elles lui servent à filtrer l'eau pour récupérer de petites particules de nourriture. Telles sont les humbles origines des structures basiques de notre tête. Les dents, les gènes et les membres ont évolué, leurs fonctions se sont redéfinies au fil des âges, et il en a été de même pour la structure fondamentale de notre tête.

6

Meilleurs plans (corporels)

Nous sommes un paquet d'environ deux billions de cellules assemblées de façon extrêmement précise. Notre corps existe en trois dimensions, chaque cellule et chaque organe y est à sa place. La tête est au sommet. La colonne vertébrale est à l'arrière, et les tripes du même côté que le nombril. Les bras et les jambes sont sur les flancs. Cette architecture fondamentale nous distingue des créatures primaires organisées en grappe ou en disques de cellules.

Mais d'autres partagent avec nous cette ergonomie de base. Comme nous, le poisson, le lézard ou la vache possèdent un corps symétrique, avec un avant et un arrière, un haut et un bas, une gauche et une droite. Tous finissent à l'avant (qui correspond au sommet pour les humains debout) par une tête contenant des organes sensoriels et le cerveau. Dans le dos, une colonne vertébrale court tout le long du corps. Et puis, comme nous, tous possèdent un anus, situé à l'opposé de la bouche. La tête est à l'avant, selon le sens de leur mode de nage ou de marche. On l'imagine sans peine, posséder l'anus à l'avant ne serait pas très fonctionnel, notamment en milieu aquatique.

Cette disposition fondamentale est moins perceptible chez des animaux vraiment très primaires – comme la méduse. Le schéma corporel d'ensemble de la méduse est tout autre : ses cellules s'organisent sous forme de disques dotés d'un haut et d'un bas. Dépourvue d'avant et d'arrière, de tête et de queue, de gauche et de droite, la méduse n'est pas du tout organisée comme nous. Quant à vouloir comparer notre schéma corporel avec celui de l'éponge, cette seule intention en dit davantage de notre état psychique que de notre anatomie.

Pour bien nous comparer à ces animaux primaires, il nous faut des outils. Comme pour la tête et les membres, notre histoire est inscrite au cœur de notre développement, de l'œuf à l'âge adulte. L'embryon comporte les traces de certains des plus profonds mystères de la vie. Il possède aussi le chic de déjouer nos projets.

Un plan commun : comparer les embryons

Si je suis entré en troisième cycle universitaire, c'était pour étudier les fossiles de mammifères, mais j'ai fini trois ans après par rédiger un mémoire sur les poissons et les batraciens. La perte de mes illusions, s'il faut vraiment appeler cela ainsi, est survenue lorsque je me suis penché sur les embryons. Nous en possédions beaucoup au laboratoire : des larves de salamandre, des embryons de poisson, et même des œufs de poule fertilisés. Machinalement, je les avais mis sous le microscope pour voir ce qu'il s'y passait. Les embryons de toutes les espèces avaient l'air de petits amas blanchâtres de cellules, pas plus longs que trois millimètres. L'observation du processus de développement avait quelque chose d'excitant ; à mesure que l'embryon grossit, le vitellus, sa réserve alimentaire, diminue. Une fois le vitellus disparu, l'embryon est habituellement assez grand pour éclore.

L'observation de ce phénomène a provoqué en moi une profonde transformation intellectuelle. Ces ébauches embryonnaires si simples – de petits paquets de cellules – donnaient lieu à ces merveilles de complexité que sont les oiseaux, les grenouilles ou les truites, tous constitués de billions de cellules parfaitement agencées. Mais il y avait plus encore que cela. Les embryons de poisson, de batracien et de poulet ne ressemblaient à rien de ce que j'avais pu rencontrer jusque-là en biologie. Ils présentaient tous le même aspect général. Tous possédaient une tête et des arcs branchiaux. Tous étaient dotés d'un petit cerveau entamant sa croissance à partir de trois renflements. Tous arboraient de petits bourgeons de membres. Ce sont d'ailleurs les membres que j'ai pris pour sujet de thèse, ils sont devenus ma préoccupation centrale pendant trois années. En comparant l'apparition du squelette chez l'oiseau, la salamandre, la grenouille et la tortue, je découvrais la ressemblance qui au moment du développement rassemble des choses aussi différentes que l'aile du poulet et la patte de la grenouille. Dans ces embryons, je décelais une architecture commune. Les espèces finissent par se différencier, mais leur point de départ est globalement similaire. L'observation des embryons porterait presque à penser que les différences entre mammifères, oiseaux, batraciens et poissons sont bien peu de chose en regard de leur similitude fondamentale. C'est alors que j'ai entendu parler des travaux de Karl Ernst von Baer.

Au début du XIXe siècle, plusieurs philosophes naturalistes se sont intéressés aux embryons, espérant y trouver le grand plan général de la vie sur Terre. Parmi ceux-là se distinguait Karl Ernst von Baer. Issu d'une famille noble, il avait d'abord suivi une formation de médecin. Son mentor lui a suggéré d'étudier le développement du poulet pour tenter de comprendre le développement de ses organes.

Malheureusement, von Baer ne disposait pas de couveuses pour travailler sur le poulet, ni même d'œufs en quantité suffisante, et la chose ne s'annonçait guère prometteuse. Par chance pour lui, il possédait un ami fortuné du nom de Christian Pander, qui pouvait financer les expériences. En observant les embryons, les deux hommes ont constaté une chose fondamentale : *tous les organes du poulet remontent à l'une des trois couches de tissu de l'embryon en développement.* Ces trois couches, qui ont reçu le nom de feuillets embryonnaires, ont acquis une notoriété quasi légendaire, qu'elles conservent encore à ce jour.

Les trois feuillets de Pander ont inspiré à von Baer d'importantes questions. Tous les animaux partagent-ils cette disposition ? Le cœur, les poumons et les muscles de tous les animaux dérivent-ils de ces feuillets ? Et, tout aussi important, les mêmes feuillets donnent-ils les mêmes organes d'une espèce à l'autre ?

Von Baer a comparé les trois feuillets des embryons de poulet de Pander à tout ce qui lui tombait sous la main : poissons, reptiles et mammifères. Et, oui, tout organe d'animal trouve bien son origine dans l'un de ces trois feuillets. De façon fort significative, ils donnent lieu à la même structure chez toutes les espèces. Tous les cœurs de toutes les espèces proviennent de la même couche. Une autre couche donne lieu au cerveau de tous les animaux. Et ainsi de suite. Si différentes soient les espèces à l'âge adulte, leur développement au stade embryonnaire connaît les mêmes étapes.

Pour prendre la pleine mesure de ce fait, il nous faut revenir aux trois premières semaines suivant la conception. Lors de la fertilisation, des bouleversements majeurs se produisent au sein de l'œuf – le matériel génétique du sperme et de l'œuf fusionnent, et l'œuf se divise. Les cellules finissent par constituer une boule. Chez l'homme, sur environ cinq jours, le corps unicellulaire se divise quatre fois, ce qui donne une boule de seize cellules, nommée blastocyte, qui ressemble à un ballon plein de fluide, entouré d'une fine paroi sphérique. À ce stade, il ne semble toujours pas y avoir de schéma corporel – pas d'avant ni d'arrière, et encore moins d'organes ou de tissus. Vers le sixième jour, la boule de cellules se rattache à l'utérus de la mère et entreprend d'établir les connexions permettant à la mère et à l'embryon de joindre leurs circuits sanguins. On n'observe toujours pas trace d'un plan pour le corps. Il y a encore loin de cette boule de cellules à quoi que ce soit d'identifiable comme mammifère, reptile ou poisson, ne parlons pas d'un humain.

Si tout se passe bien, notre boule de cellules s'implante dans l'utérus de la mère. L'implantation du blastocyte au mauvais endroit – on parle d'« implantation ectopique » – peut avoir de fâcheuses conséquences. Environ 96 pour cent de ces cas se produisent dans les trompes de Fallope, non loin du lieu de la conception. Il arrive que des mucosités compliquent le passage du blastocyte vers l'utérus, l'obligeant à s'implanter dans les trompes. Si rien n'est fait à temps, cela peut déboucher sur la rupture de divers tissus. Dans certains cas vraiment très rares, le blastocyte se trouve projeté dans la cavité corporelle de la mère, dans l'espace séparant les tripes de la paroi du corps. Dans d'autres, plus rares encore, le blastocyte va s'implanter sur la doublure extérieure du rectum ou de l'utérus et le fœtus se développe jusqu'au terme ! S'il est parfois possible de faire naître ces bébés par césarienne, ces implantations sont particulièrement dangereuses, puisqu'elles multiplient par 90 le risque de décès par hémorragie de la mère.

En tout cas, à ce stade de la croissance, nous avons vraiment l'air de pas grand-chose. Vers le début de la deuxième semaine après la conception, le blastocyte est implanté, l'un des versants de la boule est incrusté dans la paroi utérine, l'autre est libre. Imaginez un ballon plaqué contre un mur : c'est ce disque aplati qui deviendra l'embryon humain. Notre corps *tout entier* ne se constitue qu'à partir de la partie supérieure de cette boule, celle qui est comprimée contre la paroi. La partie inférieure du blastocyte compose le vitellus. À ce moment précis de notre existence, nous ressemblons à un Frisbee, un simple disque à deux couches.

Comment passe-t-on de ce Frisbee ovale aux trois feuillets de von Baer, puis à quelque chose qui ressemble un tant soit peu à un humain ? D'abord, les cellules se divisent et se déplacent, conduisant les tissus à se replier sur eux-mêmes. Puis, à force de mouvement et de replis, nous devenons un tube doté d'un renflement recourbé à la tête et d'un autre à la queue. Si l'on nous tranchait en deux à ce moment-là, on trouverait un tube dans le tube. Le tube extérieur deviendra notre paroi corporelle ; l'intérieur, notre appareil digestif. Un espace, la future cavité corporelle, sépare les deux. Cette structure de tube dans le tube reste la nôtre toute la vie. Celui des entrailles se complexifiera en composant une grande poche pour notre estomac et d'interminables méandres intestinaux. L'autre, à l'extérieur, se dotera de poils, de peau, de côtes et de membres qui en émergeront. Mais le schéma fonda-

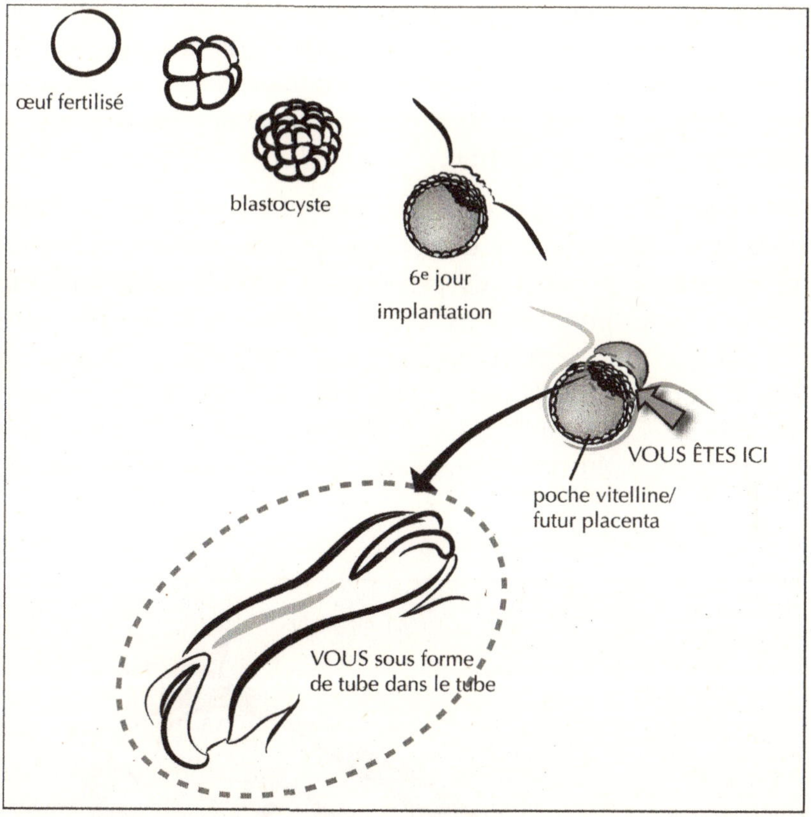

Nos premiers jours, les trois semaines suivant la conception. Nous passons de l'état de cellule unique à celui d'amas de cellules, puis de tube.

mental demeure. Nous sommes peut-être plus complexes que nous ne l'étions à vingt et un jours, mais tube dans le tube nous demeurons, et la totalité de nos organes dérivent de l'un des trois feuillets de tissu apparus à notre deuxième semaine d'existence.

Le nom de ces trois feuillets correspond à leur position : l'ectoderme à l'extérieur, l'endoderme à l'intérieur, et le mésoderme entre les deux. L'ectoderme donne lieu à l'essentiel de notre corps extérieur (la peau) et du système nerveux. L'endoderme donne lieu à une bonne part de nos structures internes, dont l'appareil digestif et les nombreuses glandes qui y sont associées. Au milieu, le mésoderme compose les tissus situés entre les entrailles et la peau, dont le gros de notre squelette et de nos muscles. Que le corps soit celui d'un saumon, d'un poulet, d'une grenouille ou d'une souris, tous ses organes proviennent de l'endoderme, de l'ectoderme et du mésoderme.

Von Baer avait su voir dans l'embryon les schémas fondamentaux de la vie. Il distinguait deux types de traits de développement : ceux communs à toutes les espèces, et ceux qui varient d'une espèce à l'autre. Le tube dans le tube, par exemple, est une caractéristique que nous partageons avec tous les animaux dotés d'une colonne vertébrale : poissons, batraciens, reptiles, oiseaux et mammifères. Ces traits communs apparaissent à un stade relativement précoce du développement. En revanche, ceux qui nous

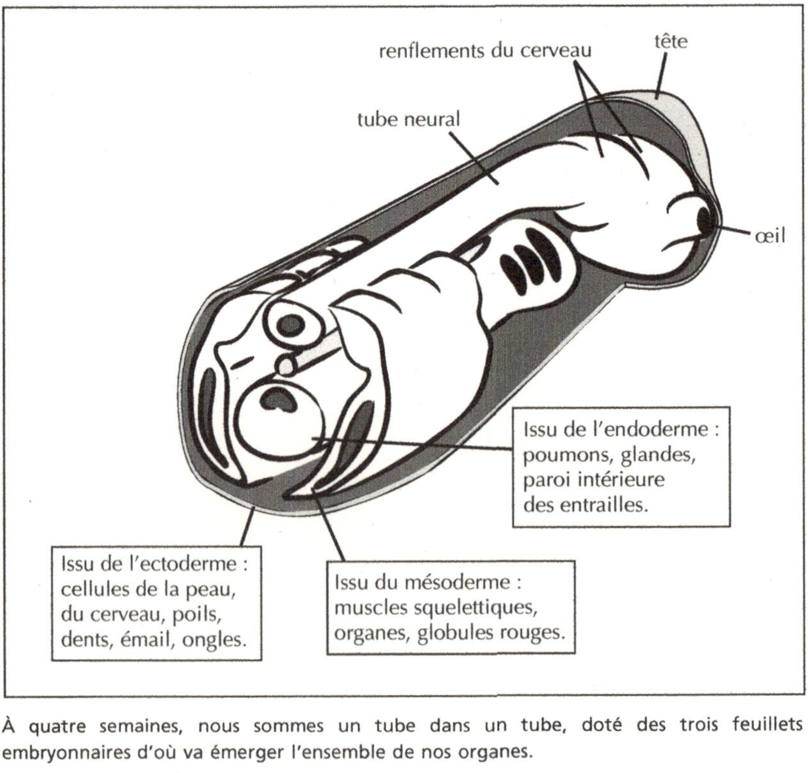

À quatre semaines, nous sommes un tube dans un tube, doté des trois feuillets embryonnaires d'où va émerger l'ensemble de nos organes.

distinguent – cerveau plus volumineux chez l'homme, carapace chez la tortue, plumes chez l'oiseau – n'apparaissent que plus tard.

L'approche de von Baer n'a pas grand-chose à voir avec la notion d'« ontogénie récapitulant la phylogénie » qu'on vous a peut-être enseignée à l'école. Von Baer s'est contenté de comparer les embryons et de remarquer qu'ils se ressemblent davantage d'une espèce à l'autre qu'ils ne le feront à l'âge adulte. L'expression « l'ontogénie récapitule la phylogénie » mise en avant des décennies plus tard par Ernst Haeckel signifiait que chaque espèce retraçait son propre cours évolutif au fil du développement. C'est-à-dire que l'embryon humain passait par le stade du poisson, du reptile, puis du mammifère. Haeckel comparait l'embryon humain à un poisson ou un lézard adultes. L'écart entre les idées de von Baer et de Haeckel peut sembler insignifiant, mais il ne l'est pas. Les indices récoltés au cours des cent dernières années sont bien plus tendres avec von Baer qu'avec Haeckel. En comparant l'embryon d'une espèce à l'adulte d'une autre, ce dernier comparait des pommes à des oranges. Il est nettement plus significatif de procéder en découvrant les mécanismes présidant à l'évolution. Pour ce faire, il faut comparer les embryons d'une espèce à ceux d'une autre, qui, s'ils ne sont pas complètement identiques, présentent toutefois de profondes ressemblances. Tous sont dotés d'arcs branchiaux et d'une notochorde, tous sont, à un moment donné, constitués d'un tube dans un tube. Ressemblance supplémentaire, et non des moindres : des embryons aussi distincts que ceux du poisson et de l'homme possèdent les trois feuillets embryonnaires de Pander et von Baer.

L'ensemble de ces comparaisons nous conduit droit au cœur du problème. Comment l'embryon peut-il « savoir » faire pousser une tête à l'avant et un anus à l'arrière ? Quels mécanismes orchestrent le développement et confèrent aux cellules et aux tissus la capacité de constituer des corps ?

Pour répondre à cela, une approche très nouvelle était indispensable. Au lieu de se contenter de comparer les embryons comme au temps de von Baer, il fallait trouver une autre grille d'analyse.

La fin du XIXe siècle a ouvert la voie, aux temps déjà évoqués au chapitre trois où les embryons étaient incisés, greffés, découpés en dés et soumis à presque tout type de substance chimique imaginable. Toujours au nom de la science.

Expérimentation sur l'embryon

Les biologistes du tournant du XIXe siècle étaient aux prises avec des questions fondamentales concernant le corps. Où reposent dans l'embryon les informations servant à sa construction ? Sont-elles contenues dans chaque cellule ou dans des groupes de cellules ? Et de quoi sont-elles faites – d'une substance chimique particulière ?

Dès 1903, l'embryologue allemand Hans Spemann a cherché à comprendre le processus par lequel les cellules bâtissent le corps au fil du développement, en commençant par localiser les informations nécessaires à cette construction. Pour Spemann, la question était d'abord de savoir si chaque cellule de l'embryon détient assez d'informations pour fabriquer tout le corps, ou si ces informations sont réparties en divers points de l'embryon en développement.

À partir d'œufs de triton, aisément disponibles et très maniables en laboratoire, Spemann a conçu une expérience astucieuse. Il a coupé une mèche des cheveux de sa fille, dont il a disposé les brins en forme de petit nœud coulant. Les cheveux d'un bébé présentent une texture remarquable ; ils sont doux, fins et pliants, c'est l'idéal pour prendre au collet une sphère minuscule telle qu'un œuf de triton. C'est précisément ce qu'a fait Spemann, en serrant suffisamment pour séparer l'œuf en deux. Après quelques manipulations sur les noyaux des cellules, il a laissé se développer la chose et observé la suite des événements. L'embryon a donné des jumeaux : deux tritons ont éclos, chacun doté d'un organisme complet et parfaitement viable. La conclusion s'imposait : plusieurs individus peuvent provenir du même œuf. C'est ce qui définit les jumeaux identiques. Spemann avait démontré sur le

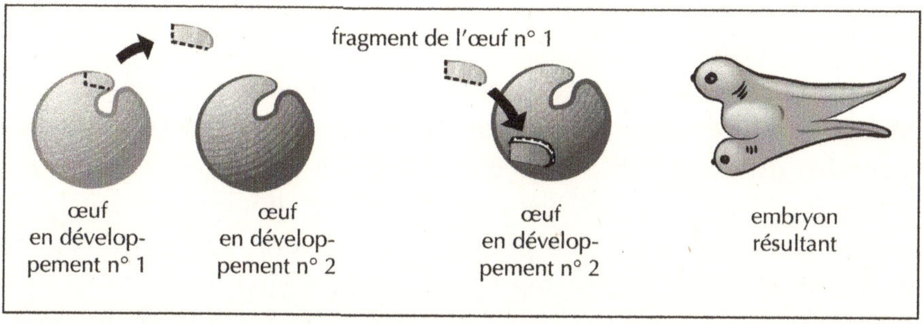

Il a suffi à Hilde Mangold de déplacer un petit fragment de tissu de l'embryon pour fabriquer des jumeaux.

plan biologique que, dès les premiers stades de la vie, l'embryon comporte des cellules capables par elles-mêmes de constituer un corps entier.

Ce n'était que le début d'une nouvelle vague de découvertes.

Dans les années 1920, Hilde Mangold, stagiaire au laboratoire de Spemann, s'est attelée à la tâche sur de petits embryons. La finesse de son doigté lui permettait d'accomplir des expériences particulièrement délicates. Au stade du développement auquel elle opérait, l'embryon de salamandre est une bille d'un diamètre d'environ un millimètre et demi. Elle prélevait un minuscule fragment de tissu, plus petit qu'une tête d'épingle, à un endroit donné de l'embryon et le greffait sur l'embryon d'une autre espèce. Le greffon d'Hilde Mangold n'était pas choisi au hasard, il provenait d'une zone où évoluent et se plient les cellules qui donneront l'essentiel des trois feuillets embryonnaires. Elle faisait preuve d'une telle dextérité que les embryons receveurs poursuivaient leur développement, au point de lui offrir une agréable surprise. Le fragment greffé donnait lieu à un organisme supplémentaire au complet, avec sa colonne vertébrale, son dos, son nombril et même sa tête.

En quoi cela est-il important ? Hilde Mangold avait localisé un petit carré de tissu capable de transmettre à d'autres cellules les directives pour composer un corps complet. Ce carré minuscule, incroyablement important, si riche d'informations, allait recevoir le nom d'organisateur.

Le prix Nobel allait récompenser ses travaux, mais non Hilde Mangold elle-même, puisqu'elle a tragiquement péri (dans un incendie provoqué par le poêle à mazout de sa cuisine) avant même leur publication. C'est donc Spemann qui a obtenu en 1935 le prix Nobel de médecine pour « la découverte de l'organisateur et de son effet sur le développement embryonnaire ».

De nombreux scientifiques considèrent encore aujourd'hui que, s'il fallait désigner l'expérience capitale de l'histoire de l'embryologie, ce serait celle de Mangold.

À peu près au moment où Hilde Mangold effectuait ses expériences dans le laboratoire de Spemann, W. Vogt (en Allemagne également) mettait au point des techniques subtiles de marquage de cellules, individuelles ou en groupe, permettant à l'expérimentateur de mieux suivre l'évolution de l'œuf au fil du développement. Vogt pouvait produire une carte de l'embryon montrant le point d'origine dans l'œuf de chaque organe. La disposition des cellules de l'embryon primaire laisse apparaître les antécédents du schéma corporel.

Ces pionniers de l'embryologie, von Baer, Pander, Mangold et Spemann, nous ont montré que chaque partie de notre corps d'adulte provient d'un carré de cellules bien déterminé au sein du Frisbee à trois couches, et que la structuration générale du corps est entreprise par la région de l'organisateur, mise au jour par Mangold et Spemann.

Incisez, tranchez, découpez, vous constaterez que mammifères, oiseaux, batraciens et poissons possèdent tous un organisateur. On peut même parfois faire l'échange d'une espèce à l'autre. Prélevez la région de l'organisateur chez un poulet et greffez-la sur un embryon de triton : vous obtiendrez un triton jumeau.

Mais qu'est-ce exactement que l'organisateur ? Que comporte-t-il donc qui soit capable de dire aux cellules comment fabriquer le corps ? C'est l'ADN, bien sûr. Et c'est à l'intérieur de cet ADN que se trouve la recette que nous partageons avec l'ensemble de la vie animale.

Des mouches et des hommes

Von Baer a observé le développement des embryons, comparant une espèce à l'autre, et il a décelé la présence dans les corps de certains schémas fondamentaux. Mangold et Spemann ont physiquement modifié des embryons pour découvrir comment leurs tissus fabriquaient l'organisme. Aujourd'hui, à l'ère de l'ADN, nous sommes en mesure de nous interroger sur la façon dont notre propre constitution génétique intervient sur le développement. Comment nos gènes contrôlent-ils le développement de nos tissus et de notre corps ? S'il vous arrive de penser que les mouches sont d'inutiles insectes, il est temps de revoir votre jugement : leurs mutations nous livrent d'importants indices sur les principaux gènes du schéma corporel intervenant dans le développement *humain*. Nous avons eu recours au même genre de raisonnement pour découvrir les gènes qui donnent lieu aux doigts et aux orteils. Voyons à présent ce que cela nous dit de la façon dont se bâtit l'ensemble du corps.

La mouche aussi possède un schéma corporel. Elle a un avant et un arrière, un dessus et un dessous, et ainsi de suite. Ses antennes, ses ailes et ses autres appendices émergent du corps au bon endroit. Mais pas toujours. Certaines mouches mutantes ont des membres qui leur poussent sur la tête. D'autres ont des ailes en double et des segments de corps additionnels. C'est chez ces mouches qu'on peut découvrir pourquoi la forme de nos propres vertèbres évolue entre la tête et l'extrémité anale du corps.

Voilà plus d'un siècle qu'on étudie les mouches anormales, et certaines de ces mutantes ont suscité une attention particulière, car certains de leurs organes sont situés au mauvais endroit – elles ont une patte à la place d'une antenne, une paire d'ailes supplémentaires – ou un tronçon de leur corps est manquant. Quelque chose dans leur schéma corporel n'est pas conforme. En fait, ces mutantes doivent leur existence à une sorte d'anomalie de l'ADN. On l'a vu, les gènes sont des segments d'ADN fixés sur le chromosome. Grâce à certaines techniques de visualisation des chromosomes, nous sommes en mesure d'y identifier le fragment responsable de la mutation. La suite consiste à faire un élevage de mutantes pour constituer une population dont chaque individu est porteur de l'anomalie génétique. Puis, à l'aide d'une palette de marqueurs moléculaires, on compare les gènes de ces individus avec ceux qui n'ont pas subi de mutation. Cela nous permet de repérer la région et le segment du chromosome probablement responsables de la mutation. Il se trouve que la mouche possède huit gènes susceptibles de fabriquer des mutantes de ce genre. Tous se côtoient sur l'un de ses longs segments d'ADN. Les gènes affectant le tronçon de la tête précèdent ceux qui affectent le tronçon central du corps de la mouche, celui des ailes. Puis, à leur tour, ces fragments d'ADN sont suivis de ceux qui contrôlent le développement de la partie arrière de la mouche. L'organisation de ces gènes a quelque chose de merveilleusement ordonné : elle est le reflet de la structure du corps, de l'avant à l'arrière.

Restait à identifier la structure de l'ADN réellement responsable de la mutation. Mike Levine et Bill McGinnis, dans le laboratoire de Walter Gehring en Suisse, ont remarqué qu'au centre de chaque gène se trouvait une courte séquence d'ADN quasiment identique. Cette séquence s'appelle l'homeobox. Les huit gènes qui la composent sont les gènes Hox. En recherchant cette séquence chez d'autres espèces, Levine et McGinnis ont constaté une uniformité très surprenante : *on trouve des variants des gènes Hox dans tout animal doté d'un corps.*

Ces gènes et leurs variants déterminent la polarité avant/arrière d'organismes aussi différents que ceux de la mouche et de la souris. En manipulant ces gènes Hox, on altère le schéma corporel avec prévisibilité. Lorsqu'on fabrique une mouche privée de gène actif au centre du segment, c'est le tronçon central du corps de la mouche qui s'en trouve altéré ou carrément manquant. Fabriquez une souris privée d'un des gènes déterminant le tronçon thoracique, vous transformerez certaines parties de son dos.

Les gènes Hox établissent également les proportions du corps – la taille des différentes régions que sont la tête, la poitrine et le bas du dos. Ils sont impliqués dans le développement des organes

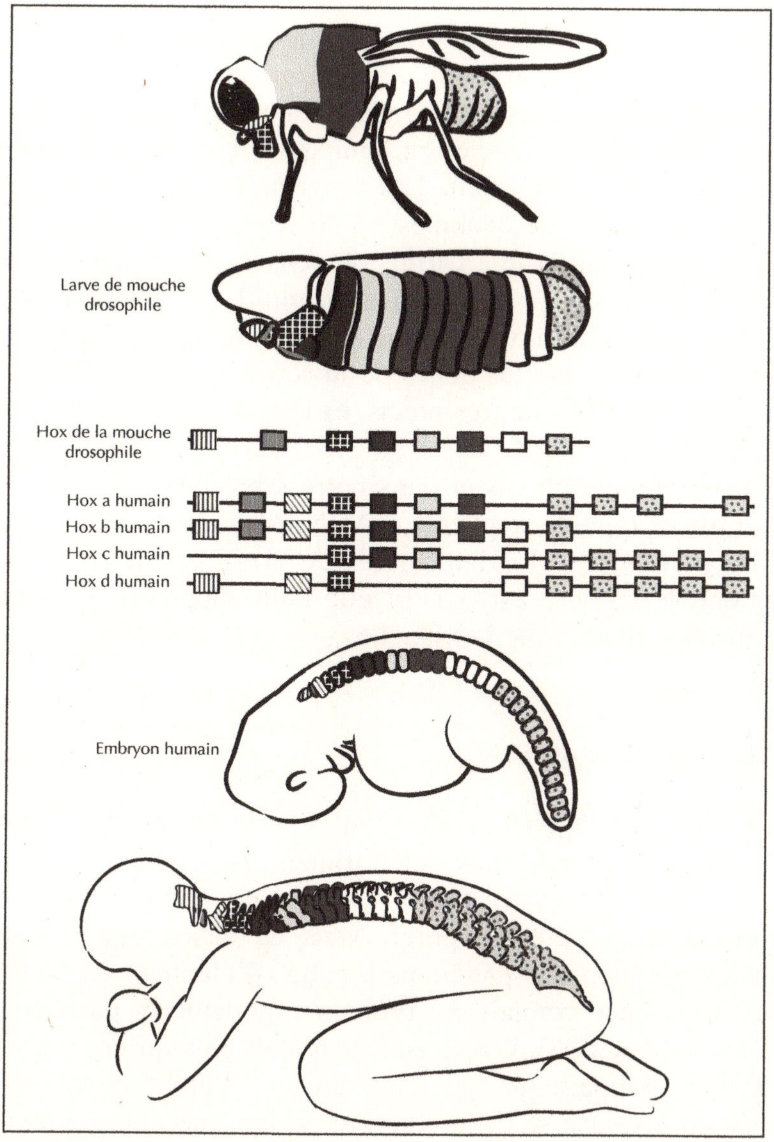

Gènes Hox chez la mouche et chez l'homme. La disposition corporelle de la tête à la queue est déterminée par plusieurs gènes Hox. La mouche possède un jeu de huit gènes Hox, chacun figurant ici sous forme de petit rectangle. Les humains comptent quatre jeux de gènes Hox. Chez la mouche comme chez l'homme, l'activité d'un gène correspond à sa position dans l'ADN : les gènes activés dans la tête se trouvent à une extrémité, ceux de la queue à l'autre, et ceux du milieu entre les deux.

individuels, des membres, de l'appareil génital et des entrailles. Toute modification de ces gènes provoque des modifications dans l'assemblage de notre corps.

Le nombre de gènes Hox varie d'une espèce à l'autre. Les insectes, comme la mouche, en comptent huit ; les mammifères, comme la souris, vingt-huit. Les vingt-huit gènes Hox de cette dernière sont autant de déclinaisons de ceux qu'on trouve chez la mouche. Cette similarité a permis de penser que le grand nombre des gènes Hox que comptent les mammifères provenait de la duplication de ceux moins nombreux de la mouche. Malgré cette différence numérique, les gènes de la souris s'activent de l'avant à l'arrière dans un ordre très précis, exactement comme ceux de la mouche.

Si l'on remonte plus haut dans notre arbre familial, rencontre-t-on le même type de segments d'ADN impliqués dans la fabrication de parties plus fondamentales de notre organisme ? Étonnamment, la réponse est oui. Et elle nous rapproche d'animaux plus simples encore que la mouche.

L'ADN et l'organisateur

À l'époque où Spemann décrochait le prix Nobel, son « organisateur » faisait fureur. Les scientifiques n'en avaient que pour cette mystérieuse substance chimique capable d'induire l'ensemble du schéma corporel. Mais de même que la culture populaire s'entiche de pantalons à pattes d'éléphant ou de trottinettes, la science connaît ses propres engouements passagers, et dans les années 1970, l'organisateur n'était plus qu'une curiosité, un avatar sympathique de l'histoire de l'embryologie. Cette tombée en disgrâce se devait surtout au fait que nul ne parvenait à en décoder le mécanisme.

La découverte des gènes Hox, dans les années 1980, a tout changé. Puis, au début des années 1990, alors que la notion d'organisateur restait décidément fort démodée, le laboratoire d'Eddie De Robertis à UCLA s'est mis en quête des gènes Hox chez la grenouille, par des techniques similaires à celle de Levine et McGinnis. Le champ de recherche était large, englobant des gènes de tout type. L'un de ces derniers présentait un schéma d'activité très particulier. Il s'activait précisément à l'endroit où se situe l'organisateur dans l'embryon et au stade escompté de son développement. Je ne saurais imaginer ce qu'a dû ressentir De Robertis au moment de sa découverte. Contemplant l'organisateur, il y a vu un gène qui paraissait spécifiquement le contrôler ou être associé à son activité dans l'embryon. L'organisateur était de retour.

On a commencé à trouver des gènes de l'organisateur dans tous les laboratoires. Alors qu'il se livrait à une expérience d'un tout autre genre, Richard Harland, de Berkeley, est tombé sur un gène, qu'il a baptisé *Noggin*, dont l'activité correspond exactement à ce qu'est supposé accomplir un gène de l'organisateur. Lorsqu'il prélevait un peu de Noggin et l'injectait à l'endroit approprié de l'embryon, cela fonctionnait exactement comme l'organisateur. L'embryon développait deux axes corporels, avec deux têtes.

Alors, le gène de De Robertis et le Noggin sont-ils les fragments d'ADN qui élaborent l'organisateur ? Oui et non. L'organisation du schéma corporel dépend de l'interaction de nombreux gènes. Ce sont des systèmes complexes, parce que les gènes sont amenés à remplir de multiples fonctions lors du développement. Le Noggin intervient par exemple dans le développement de l'axe corporel, mais aussi d'une foule d'autres organes. En outre, les gènes ne sont pas seuls à déterminer le comportement complexe de cellules comme celles qui interviennent dans le développement de la tête. Chaque gène interagit avec d'autres à tous les stades de la croissance. L'un inhibe l'activité de l'autre, ou au contraire la favorise. Il arrive que plusieurs gènes travaillent ensemble pour en activer ou désactiver un autre. Heureusement, de nouvelles techniques nous permettent d'étudier l'activité simultanée de milliers de gènes dans une cellule. Associées au nouvel outil informatique d'interprétation de la fonction des gènes, elles nous dotent d'un potentiel immense de connaissance du mode de fabrication des cellules, des tissus et de l'organisme par les gènes.

La connaissance de ces jeux complexes d'interaction de batteries entières de cellules permet de mieux comprendre les mécanismes de fabrication de l'organisme. Le Noggin en est un excellent exemple. Il n'est pas seul à instruire telle ou telle cellule sur sa position dans l'axe vertical, mais agit de concert avec plusieurs autres gènes. Le BMP-4, lui, est un gène du bas ; il est actif dans les cellules qui fabriqueront le bas, ou le côté nombril, de l'embryon. Le BMP-4 et le Noggin interagissent abondamment. Partout où le Noggin est actif, le BMP-4 ne peut remplir sa fonction. C'est-à-dire que le Noggin n'ordonne pas aux cellules de se développer « en tant que cellules du haut du corps » ; il inhibe le signal qui en ferait des cellules *du bas.* Ces jeux d'activation/désactivation sous-tendent la quasi-totalité des processus de développement.

Une anémone de mer intérieure

Comparer notre corps à celui de la grenouille ou du poisson est une chose. Nos similarités sont tangibles : nous possédons une colonne vertébrale, deux jambes, deux bras, une tête et ainsi de suite. Mais qu'advient-il lorsque nous nous comparons à un être radicalement différent, comme la méduse ou l'un de ses parents ?

La plupart des animaux possèdent un axe corporel défini par le sens de leur déplacement ou la position relative de la bouche et de l'anus. Qu'on y songe : notre bouche se situe à l'opposé de notre anus et, comme chez les poissons et les insectes, elle est toujours à l'« avant ».

Comment espérer trouver un peu de nous-mêmes en des animaux totalement dépourvus de chaîne nerveuse, d'anus ou de bouche ? Les méduses, les coraux et les anémones de mer possèdent bien une bouche, mais pas d'anus. Le même orifice sert aussi bien à ingérer les aliments qu'à évacuer les déchets. Si cette étrange disposition peut convenir à la méduse et ses cousines, elle donne le tournis au biologiste qui cherche à les comparer à quoi que ce soit d'autre.

Pour s'attaquer au problème, un certain nombre de mes confrères, dont Mark Martindale et John Finnerty, se sont penchés sur le développement de ce type d'animaux. L'anémone de mer s'est révélée particulièrement riche en informations, parce que c'est une proche parente de la méduse et que son organisme est très primaire. En outre, sa forme inhabituelle semblerait *a priori* interdire toute comparaison avec nous. L'anémone de mer ressemble à un tronc d'arbre composé d'une grosse souche centrale et d'un bouquet de tentacules à l'extrémité. Cela la rend particulièrement intéressante, parce que, malgré les apparences, elle possède un avant et un arrière, un haut et un bas. Tirons un trait de la bouche de l'animal à sa base. Les biologistes ont même donné un nom à cette ligne : c'est l'axe oral-aboral, bien que le fait de la nommer n'en fasse pas grand-chose d'autre qu'une ligne arbitraire. Toutefois, si elle correspond à quelque chose de bien réel, il y a des chances pour que son développement évoque celui de l'une des dimensions de notre propre corps.

Martindale et ses collègues ont trouvé chez l'anémone de mer une version primaire de certains gènes codant les grandes lignes de notre schéma corporel – ceux qui déterminent chez nous l'axe tête/anus. Et, surtout, ils ont constaté que ces gènes sont activés sur l'axe oral-aboral. Ce qui signifie que l'axe oral-aboral de ces créatures primaires équivaut génétiquement à notre axe tête/anus.

Voilà pour un axe, passons au suivant. L'anémone de mer possède-t-elle quelque chose de vaguement analogue à notre axe dorso-ventral ? Cela semble *a priori* improbable. Ça n'a pas empêché Martindale et son équipe de prendre l'audacieuse initiative de rechercher en elle les gènes déterminant notre axe dorso-ventral. Connaissant l'aspect de ces gènes chez l'homme, ils disposaient d'une image de recherche. Ils n'en ont pas trouvé un mais plusieurs. Or, si ces gènes étaient bien activés le long d'un axe de l'anémone, cet axe semblait n'entretenir aucune corrélation avec quelque schéma que ce soit de disposition des organes de l'animal à l'âge adulte.

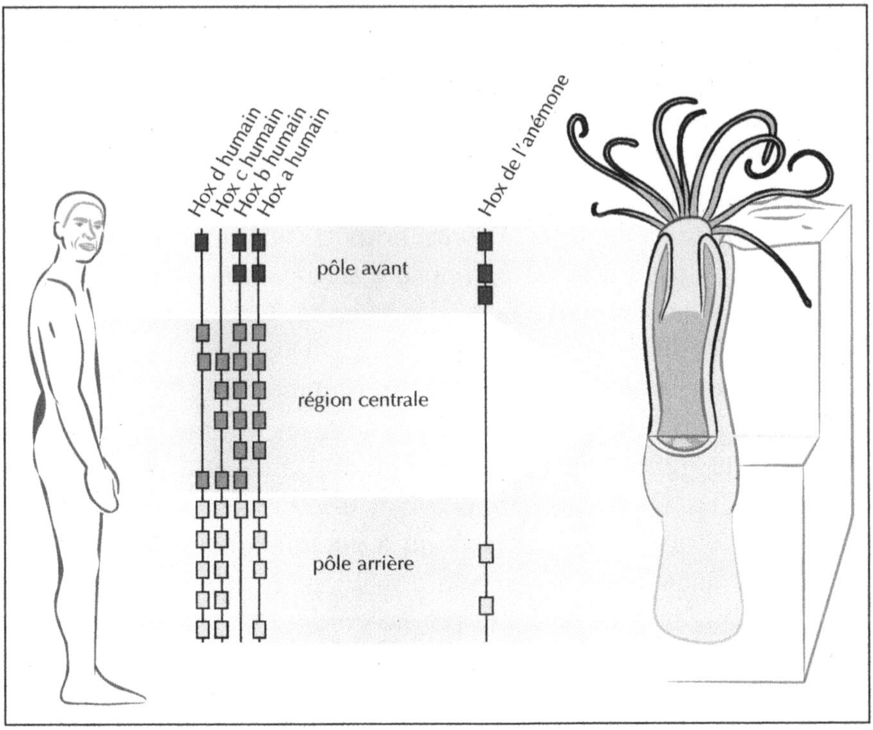

Les proches parents de la méduse, comme l'anémone de mer, possèdent un avant et un arrière, comme nous, déterminés par des variants des mêmes gènes.

Cet axe occulte n'est pas visible de l'extérieur. Mais pour peu qu'on découpe l'anémone en deux, on y trouve un indice important, un autre axe de symétrie. Appelé axe directif, il semble définir deux côtés bien distincts de la créature, presque un dos et un ventre. Cet axe caché était connu des anatomistes dans les années 1920, mais figurait dans les textes scientifiques à titre de simple curiosité. Martindale, Finnerty et leur équipe ont changé la donne.

Tous les animaux sont semblables, mais différents. Comme la recette d'un gâteau qu'on se lègue de génération en génération – avec des améliorations à chaque fois –, celle de notre corps se transmet, et se modifie, depuis des éternités. Nous ne ressemblons franchement pas à des anémones de mer ni à des méduses, mais notre recette est une variante plus complexe de la leur.

L'expérience de permutation de gènes entre espèces plaide fortement pour la thèse de l'existence d'une recette génétique commune à tous les organismes d'animaux. Qu'advient-il lorsqu'on échange le gène bâtisseur d'un animal doté d'un schéma corporel complexe comme le nôtre avec celui d'une anémone de mer ? Revenons au gène Noggin qui, chez la grenouille, la souris et l'homme, est activé dans des endroits qui deviendront des structures dorsales. Si l'on en injecte en surplus dans un œuf de grenouille, la grenouille croîtra avec des structures dorsales supplémentaires, parfois même une deuxième tête. Chez l'anémone de mer, un variant du gène Noggin est aussi activé, à une extrémité de l'axe directif. Voici donc l'expérience à un million de dollars : prélevons le produit de Noggin chez une anémone de mer, et injectons-le dans un embryon de grenouille. Résultat : on obtient une grenouille avec des structures dorsales additionnelles, soit quasiment le même résultat que si on lui avait injecté de son propre Noggin.

Toutefois, dans notre remontée du temps, nous voici devant ce qui apparaît comme un immense fossé. Tout ce qui a été évoqué dans ce chapitre possédait un corps. Mais comment nous comparer à quelque chose qui n'en a pas du tout – à des microbes unicellulaires ?

7

Bodybuilding

Quand je n'étais pas sur le terrain à chasser le fossile, j'ai passé l'essentiel de ma carrière universitaire, penché sur un microscope, à observer les cellules s'assembler pour constituer des os.

Sur le membre en développement d'une salamandre ou d'une grenouille, je marquais les cellules à l'aide de teintures de façon à rendre le cartilage bleu et les os rouges. Ensuite, j'éclaircissais le reste des tissus en traitant le membre à la glycérine. Ces embryons totalement transparents, leurs os colorés par la teinture, avaient quelque chose de très beau. Je contemplais des créatures de cristal.

Au cours de ces longues heures au microscope, j'assistais littéralement à la fabrication d'un animal. Les plus jeunes embryons possédaient de minuscules bourgeons de membres, et les cellules à l'intérieur étaient disposées à intervalles réguliers. Puis, aux étapes suivantes, les cellules se regroupaient dans le bourgeon. Elles adopteraient ensuite diverses formes successives constituant progressivement les os. Chacun des groupes de cellules que je repérais aux premières heures se transformait en os.

Il est difficile de ne pas rester bouche bée devant le spectacle d'un animal en train de se fabriquer. Comme une maison de briques, le membre se bâtit par assemblage de petits éléments composant une structure plus vaste. Mais il y a une différence de taille. Contrairement aux membres et au corps en général, la maison a son bâtisseur, quelqu'un qui sait concrètement où chaque brique doit se placer. Ici, les informations indispensables à l'édification des membres ne reposent pas sur quelque plan d'architecte mais à l'intérieur de chaque cellule. Imaginez une maison s'assemblant toute seule à partir d'instructions contenues dans les briques : ainsi se constitue le corps des animaux.

Une bonne part de ce qui est requis pour fabriquer un corps se trouve dans la cellule ; d'ailleurs, une bonne part de ce qui nous rend uniques s'y trouve aussi. Si notre corps ne ressemble pas à celui d'une méduse, c'est par la façon dont nos cellules s'assemblent l'une à l'autre, dont elles communiquent et par les différents matériaux qu'elles sécrètent.

Avant même qu'il soit question de « schéma corporel » – sans parler d'une tête, d'un cerveau ou d'un bras – il a bien fallu qu'un corps soit fabriqué au départ. Qu'est-ce que cela signifie ? Pour façonner l'ensemble des tissus et des structures d'un organisme, il a bien fallu que les cellules sachent coopérer – s'assembler de façon à composer un individu d'un genre totalement nouveau.

Pour bien saisir le sens de tout cela, demandons-nous d'abord ce qu'est un corps. Puis, posons-nous les trois grandes questions inévitables : Quand ? Comment ? Pourquoi ? Quand le corps est-il apparu, comment cela s'est-il produit et, surtout, pourquoi ?

Habeas corpus : qu'on produise le corps

Tout amalgame de cellules ne mérite pas l'honorifique appellation de corps. Un tapis de bactéries ou un groupe de cellules cutanées sont une chose très différente de l'assortiment de cellules que nous qualifierions d'individu. La distinction est essentielle ; un petit exercice mental nous permettra de mieux la percevoir.

Qu'advient-il lorsqu'on retire des bactéries d'un tapis de bactéries ? On obtient un plus petit tapis de bactéries. Et lorsqu'on retire des cellules, disons, du cœur ou du cerveau d'un être humain ou d'un poisson ? Selon les cellules qu'on prélève, on court le risque d'obtenir un cadavre d'humain ou de poisson.

Cet exercice nous révèle donc l'une des caractéristiques essentielles du corps : ses composantes fonctionnent de concert au service d'un tout supérieur. Mais toutes les parties du corps ne sont pas égales ; certaines sont absolument indispensables à la vie. En outre, le corps pratique la répartition des tâches entre ses éléments ; le cerveau, le cœur ou l'estomac n'ont pas la même fonction. Cette division du travail s'étend jusqu'au plus petit niveau, celui des cellules, des gènes et des protéines qui fabriquent le corps.

L'organisme d'un ver ou d'une personne possède une identité dont ses parties constituantes – organes, tissus et cellules – sont dépourvues. Les cellules de notre peau, par exemple, se multiplient et meurent continuellement ; il faut donc s'en débarrasser. Quasiment chaque cellule de votre peau est aujourd'hui différente d'il y a sept ans, mais vous êtes pourtant le même individu : les cellules d'alors sont mortes et envolées, de nouvelles les ont remplacées. On peut en dire autant de presque toutes les cellules de notre corps. À la façon du fleuve, qui demeure le même malgré les altérations de son cours, du type d'eau qui le compose et même de sa taille, nous restons le même individu malgré le roulement constant des éléments qui nous constituent.

Et, malgré ce changement permanent, chacun de nos organes « connaît » sa taille et sa place au sein du corps. Notre développement se fait selon les bonnes proportions parce que la croissance des os de nos bras est coordonnée à celle des os de nos doigts et de notre crâne. Notre peau est douce parce que les cellules savent communiquer pour maintenir l'intégrité et la régularité de sa surface. Jusqu'à ce que survienne quelque événement peu ordinaire, comme une verrue, par exemple. Les cellules de la verrue ne respectent pas la règle : elles ne savent pas s'arrêter de croître.

La rupture de l'équilibre subtil régissant les diverses parties de notre corps peut provoquer la mort de l'individu. Une tumeur cancéreuse, par exemple, naît lorsqu'un groupe de cellules cesse de coopérer avec les autres. En se multipliant sans fin, ou en ne mourant pas alors qu'il le faudrait, ces cellules peuvent rompre l'équilibre indispensable à la constitution d'un individu vivant. Le cancer enfreint les lois permettant la coopération entre cellules. Tel un tyran qui s'en prendrait à une société hautement coopérative, le cancer se comporte selon son propre intérêt jusqu'à tuer la communauté à laquelle il appartient, le corps humain.

Qu'est-ce qui a rendu tant de complexité possible ? Pour que nos lointains ancêtres soient passés de l'état de créature unicellulaire à celui de créature corporelle, comme cela a été le cas voici plus d'un milliard d'années, il a fallu que leurs cellules adoptent de nouveaux mécanismes pour travailler ensemble. Il a fallu qu'elles puissent communiquer. Il a fallu qu'elles inventent une façon de se fixer l'une à l'autre. Et qu'elles sachent accomplir de nouvelles activités, comme fabriquer les molécules qui différencient nos organes. Ces caractéristiques – la colle entre les cellules, leur mode de « dialogue », et les molécules qu'elles fabriquent – composent la boîte à outils permettant de construire tous les corps qu'il est donné de voir sur Terre.

L'apparition de ces outils a été une véritable révolution. Le passage de l'état d'animal unicellulaire à celui d'animal corporel a ouvert la voie à un monde entièrement nouveau. De nouvelles créatures sont apparues, dotées de nouvelles aptitudes : elles ont grossi, bougé, et développé de nouveaux organes leur permettant de sentir, manger et digérer leur monde.

Déterrer les corps

Voici une petite pensée censée inspirer l'humilité à chacun de nous, qu'il soit ver, poisson ou humain : de toute l'histoire du vivant, la majeure partie est celle de créatures unicellulaires. À peu près tout ce que nous avons évoqué jusqu'ici – animaux dotés de mains, d'une tête, d'organes sensoriels ou même d'un schéma corporel – n'existe que depuis une infime fraction de l'histoire de la Terre. Ceux qui comme nous enseignent la paléontologie parlent souvent d'« année-Terre » pour illustrer l'extrême petitesse de cette fraction. Cela consiste à ramener les 4,5 milliards d'années de l'histoire de notre planète à une seule, le premier janvier représentant l'origine de la planète et le 31 décembre le présent. Jusqu'en juin, les seuls organismes existants sont des microbes unicellulaires, algues, bactéries ou amibes. Le premier animal doté d'une tête n'apparaît pas avant octobre. Et le premier humain n'apparaît que le 31 décembre. À l'instar de tous les animaux et plantes qui ont jamais vécu, nous sommes de nouveaux arrivants au grand festin de la vie sur Terre.

L'étendue de cette échelle chronologique apparaît de façon limpide dans les roches du monde. Celles qui sont antérieures à 600 millions d'années ne contiennent généralement ni animal ni plante, on n'y trouve que des créatures unicellulaires, ou des colonies d'algues. Ces colonies composent des tapis ou des brins ; certaines sont en forme de poignée de porte. Impossible de les confondre avec des corps.

Les premiers hommes à avoir aperçu les plus anciens corps figurant au registre des fossiles n'avaient pas la moindre idée de ce qu'ils contemplaient. Entre 1920 et 1960, de très curieux fossiles se sont mis à émerger tout autour du monde. Dans les années 1920 et 1930, Martin Gurich, un paléontologue allemand établi dans l'actuelle Namibie, a découvert une série d'empreintes qui ressemblaient à des corps d'animaux. Leur aspect de disque ou de plaque n'avait rien de particulièrement remarquable, ç'aurait pu être des algues ou des méduses primaires ayant habité d'anciens océans.

En 1947, un géologue minier australien nommé Reginald Sprigg s'est trouvé sur un site où le dessous des roches comportait des empreintes de disques, de rubans et de thalles. Dans une mine abandonnée des monts Ediacra, dans le sud de l'Australie, Sprigg a découvert une collection de fossiles de ce type, qu'il a décrits avec soin. Petit à petit, on a trouvé des empreintes similaires sur chaque continent excepté l'Antarctique. Les créatures de Sprigg étaient étranges, mais n'intéressaient finalement pas grand monde.

Échelle temporelle des événements de l'histoire de la vie. Remarquez l'extrême longueur de la période précédant l'apparition des corps, quand seuls peuplaient la Terre des organismes unicellulaires vivant seuls ou en colonie.

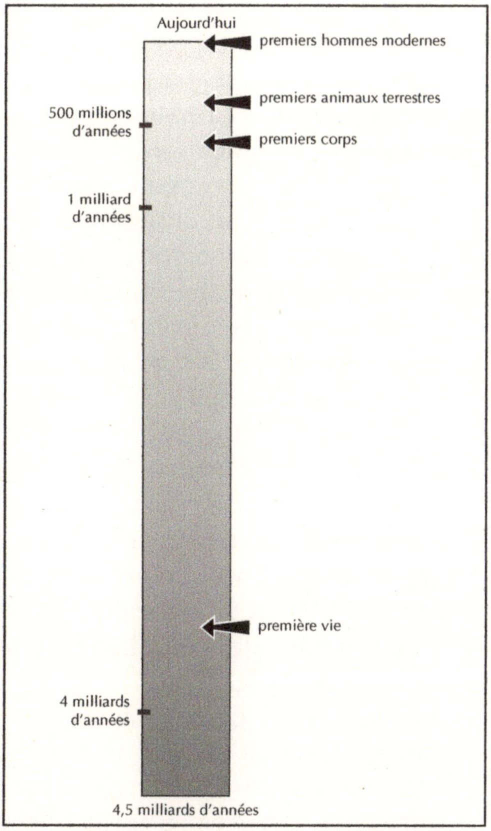

La raison d'un tel bâillement paléontologique collectif était qu'on croyait ces fossiles issus de roches relativement jeunes du cambrien, une période dont on possédait déjà beaucoup de fossiles d'animaux à corps primaire. Les fossiles de Sprigg et Gurich sont donc tombés dans un oubli relatif, c'était un assemblage d'empreintes pas vraiment excitantes, tout juste insolites, d'une période déjà abondamment représentée dans les collections des musées du monde.

Mais, au milieu des années 1960, Martin Glaessner, un Autrichien charismatique expatrié en Australie, a tout chamboulé. Comparant ces roches à celles d'autres points du globe, Glaessner a démontré sans l'ombre d'un doute que ces fossiles comptaient 15 à 20 millions d'années de plus qu'on ne le pensait. Ça n'était pas qu'une série d'empreintes banales – Gurich, Sprigg et d'autres étaient tombés sur les premiers corps jamais apparus sur Terre.

Ces fossiles provenaient de la période connue sous le nom de précambrien, période qu'on imaginait dépourvue de toute vie. Tout ce qu'on croyait savoir des premières heures de la vie volait en éclats. Les curiosités paléontologiques étaient en fait des joyaux de la science.

Ces disques, rubans et thalles du précambrien sont de toute évidence les premières créatures dotées d'un corps. Comme on pourrait s'y attendre, il y a parmi eux des représentants de certains des animaux les plus primaires qu'on trouve sur Terre aujourd'hui : des éponges et des méduses. D'autres fossiles du précambrien ne ressemblent à rien de connu. On voit bien qu'il s'agit d'empreintes de choses dotées d'un corps, mais les pâtés, les bandes et les formes qu'ils constituent ne correspondent à aucune créature vivante.

Il en ressort un message très clair : il y a quelque 600 millions d'années que les créatures à cellules multiples ont commencé à peupler les mers de la planète. Ces créatures avaient un corps bien défini, elles n'étaient pas de simples colonies de cellules. Elles présentaient des éléments de symétrie qui, parfois, évoquent certaines formes de vie actuelles. Quant à celles qu'on ne peut directement comparer à rien de vivant, les différentes parties de leur corps n'en possédaient pas moins des structures spécialisées. Ce qui signifie que les organismes du précambrien avaient atteint un degré d'organisation biologique radicalement nouveau sur Terre alors.

Les signes de ces changements apparaissent non seulement dans les corps fossilisés mais dans la roche proprement dite. Aux premiers corps correspondent les premières traces de leur déplacement. Ce sont les premiers indices incontestables que des créatures rampaient et se traînaient dans la vase. Ces traces – de minuscules traînées en forme de ruban dans de la boue ancienne – montrent que certaines de ces créatures corporelles étaient capables de mouvements relativement complexes. Non seulement possédaient-elles un corps aux parties identifiables, mais elles s'en servaient pour se déplacer de façon novatrice.

Tout cela n'a rien d'illogique. Nous rencontrons les premiers corps avant les premiers schémas corporels. Nous rencontrons les premiers schémas corporels primaires avant les premiers schémas corporels dotés d'une tête, et ainsi de suite. Comme le zoo imaginaire où nous nous promenions au premier chapitre, les roches du monde sont extrêmement ordonnées.

Nous l'avons dit plus haut, ce qui nous intéresse ici, c'est le quand, le comment et le pourquoi des corps. Ces trouvailles du précambrien nous ont dit quand. Pour découvrir le comment, et enfin le pourquoi, nous allons emprunter une voie quelque peu différente.

Notre propre corps d'indices

Nulle photo ne saurait restituer ce qu'on retrouve exactement de notre corps dans ces disques, rubans et thalles du précambrien. Que voudriez-vous que nous partagions, nous humains, dans toute notre complexité, avec ces impressions dans la roche, surtout celles qui ont l'air de méduses chiffonnées ou de bobines de film écrasées ?

La réponse est lourde de sens, et à l'évidence indiscutable : la « chose » qui nous maintient – qui rend notre corps possible – n'est pas différente de ce qui constituait le corps des anciennes empreintes de Gurich et Sprigg. En fait, l'échafaudage complet de notre corps est apparu sous une forme étonnamment ancienne : les animaux unicellulaires.

Qu'est-ce qui maintient ensemble un groupe de cellules, que ce soit pour composer une méduse ou un globe oculaire ? Chez des créatures de notre acabit, cette glu biologique est ahurissante de complexité ; elle n'assure pas seulement la cohésion de nos cellules, elle leur permet de communiquer et constitue l'essentiel de notre structure. Cette glu n'est pas faite d'une seule chose, c'est toute une gamme de molécules qui relie nos cellules et garnit l'espace qui les sépare. Au niveau microscopique, elle confère à chacun de nos tissus et organes l'aspect et la fonction qui le distinguent. Que ce soit à l'œil nu ou au microscope, un globe oculaire n'offre pas le même aspect qu'un os de la jambe. En fait, l'essentiel de leur différence tient à la façon dont, là-bas tout au fond, sont arrangées les cellules et les matières.

Voici plusieurs années qu'à l'automne je fais tourner mes élèves en bourrique avec ces simples notions. Éternellement fébriles, les étudiants de première année doivent apprendre à identifier les organes en observant au microscope des lamelles de tissu choisies au hasard. Comment s'y prennent-ils ?

C'est un peu comme chercher à deviner le pays où l'on se trouve à partir du plan des rues d'un petit village. C'est faisable, mais à condition de posséder les bons indices. Concernant les organes, certains des meilleurs indices résident dans la forme des cellules et la façon dont elles se raccordent l'une à l'autre ; tout aussi important, il faut savoir identifier la chose qui baigne entre elles. On trouve des tissus faits de tout type de cellules, reliées de différentes façons : dans certaines régions elles sont en bande ou en colonne serrée ; dans d'autres, elles sont plus éparses et rattachées de façon relativement lâche. Ces dernières régions contiennent souvent les matériaux qui confèrent à chaque tissu ses caractéristiques physiques. Les minéraux qu'on trouve entre les cellules osseuses, par exemple, déterminent la dureté de l'os, alors que les protéines du blanc de l'œil donnent sa souplesse à la paroi du globe oculaire.

Si nos étudiants parviennent à identifier l'organe à partir d'une lamelle sous le microscope, c'est qu'ils connaissent l'organisation des cellules et de ce qui repose entre elles. Mais pour ce qui nous occupe, tout cela revêt un sens plus profond. Les molécules qui rendent ces arrangements cellulaires possibles sont celles qui rendent possible le corps lui-même. En l'absence de moyen de joindre nos cellules, s'il n'y avait rien entre elles, il n'y aurait pas le moindre corps sur Terre – juste des amas de cellules. C'est-à-dire que la compréhension du comment et du pourquoi de l'apparition des corps commence par l'observation de ces molécules : celles qui permettent l'assemblage des cellules, celles qui permettent leur communication, et les substances qui occupent les espaces entre les cellules.

Afin de percevoir toute l'importance de cette structure moléculaire pour notre corps, attardons-nous sur un cas précis : le squelette. L'exemple est très révélateur de l'immense impact que peuvent avoir de minuscules molécules sur la structure du corps, et très caractéristique des principes généraux qui s'appliquent à toutes ses parties. Sans squelette, nous serions une masse informe et visqueuse. La vie terrestre serait malaisée, voire impossible. Notre squelette, que l'on considère souvent comme allant de soi, rend donc possible l'essentiel de notre fondement biologique et comportemental. À chaque fois que nous marchons, que nous jouons du piano, que nous inspirons l'air ou que nous mâchons nos aliments, nous pouvons en remercier notre squelette.

On trouve une excellente analogie du fonctionnement de notre squelette dans l'image du pont. La robustesse d'un pont dépend de la taille, de la forme et des proportions de ses poutres et haubans. Mais cette robustesse dépend aussi, et de façon importante, des propriétés microscopiques des matériaux qui le composent. La structure moléculaire de l'acier détermine sa solidité et sa marge de flexibilité avant rupture. De la même façon, la solidité de notre squelette repose sur la forme et la taille de ses os, mais aussi sur les propriétés moléculaires de ces derniers.

Pour bien le comprendre, je vous invite à une petite séance de jogging. Quand nous courons, nos muscles se contractent, notre dos, nos bras et nos jambes sont en mouvement, et nos pieds poussent contre le sol pour nous faire avancer. Nos os et leurs articulations fonctionnent comme un gros complexe de leviers et de poulies qui réalisent cette action. Les mouvements de notre corps obéissent aux lois de la physique élémentaire : notre aptitude à courir repose en grande partie sur la taille, la forme et les proportions de notre squelette et de la configuration des articulations. Vu sous cet angle, il s'agit un peu d'une machine. Et, comme la machine, son profil correspond à ses fonctions. Les proportions osseuses d'un champion de saut en hauteur ne sont pas les mêmes que celles d'un sumotori. Celles des pattes du lapin ou de la grenouille, spécialistes du déplacement par bonds, ne sont pas les mêmes que celles du cheval.

Voyons cela au microscope. Si l'on observe un échantillon de fémur, on aperçoit immédiatement ce qui donne à l'os ses propriétés mécaniques particulières. Les cellules y sont très nettement distribuées à certains endroits précis, notamment sur le bord extérieur de l'os. Certaines sont très agglomérées, d'autres plus isolées. Entre ces dernières reposent les matières déterminant la solidité de l'os, comme, par exemple, la roche, ou les cristaux connus sous le nom d'hydroxyapatite, déjà évoqués au chapitre 4. L'hydroxyapatite offre le même genre de résistance que le béton : élevée si on la compresse, plus faible si on la tord ou la plie.

Ainsi, comme un immeuble de brique ou de béton, les os sont profilés pour optimiser leurs fonctions compressives et minimiser les torsions et pliures ; Galilée s'en était rendu compte au XVIIe siècle.

L'autre molécule qu'on trouve entre les cellules de nos os est la plus répandue dans l'ensemble du corps humain. En la grossissant 10 000 fois au microscope électronique, on distingue quelque chose qui ressemble à une corde constituée de petites tresses de fibres moléculaires. Cette molécule, le collagène, possède justement les propriétés mécaniques d'une corde, relativement résistante à la traction, mais pas du tout à la compression ; imaginez deux équipes de tir à la corde poussant l'une vers l'autre au lieu de tirer… Comme la corde, le collagène est solide quand on tire, mais faible quand on en rapproche les extrémités.

Les os sont constitués de cellules baignées dans une mer d'hydroxyapatite, de collagène et d'autres molécules moins communes. Certaines de ces cellules s'agglomèrent ; d'autres trempent seules. La solidité des os repose sur la résistance du collagène lorsqu'on tire dessus, et sur celle de l'hydroxyapatite quand on les comprime.

L'autre tissu qui compose le squelette, le cartilage, se comporte de manière assez différente. Pendant que nous courions, c'est le cartilage de nos articulations qui a fourni la surface moelleuse sur laquelle nos os frottaient l'un contre l'autre. Le cartilage tient davantage du tissu souple que de l'os ; il plie et s'écrase sous les forces qu'on lui imprime. La souplesse de l'articulation du genou, comme de toutes les articulations sollicitées pendant la course, dépend de la relative mollesse du cartilage. Après compression, un cartilage sain revient invariablement à sa forme d'origine, comme une éponge ménagère. À chaque pas de notre course, l'ensemble de notre masse corporelle s'abat sur le sol avec une certaine violence. Sans la protection de ces capuchons aux articulations, nos os choqueraient directement : ce serait un cas particulièrement douloureux et handicapant d'arthrite.

La flexibilité du cartilage lui vient de ses éléments microscopiques. Le cartilage de nos articulations possède un nombre relativement faible de cellules, séparées par beaucoup de substance de remplissage. Comme pour l'os, les propriétés de ce remplissage interstitiel déterminent en grande mesure les propriétés mécaniques du cartilage.

Le collagène occupe une bonne part des intervalles entre les cellules du cartilage (comme entre celles de nos autres tissus). Ce qui confère sa souplesse au collagène, c'est en fait une molécule d'un autre type, l'une des plus extraordinaires qu'on trouve dans le corps. Cette molécule, la protéoglycane, confère au cartilage une certaine résistance à l'écrasement ou à la compression. Sa forme de brosse tridimensionnelle géante – une longue tige et beaucoup de petites branches – la rend parfaitement visible au microscope. Elle possède une propriété épatante, très liée à notre aptitude à marcher et nous mouvoir, due au fait que ces petites branches adorent fixer l'eau. Une protéoglycane est donc une molécule qui se gorge littéralement d'eau, comme un gros morceau de gelée. Garnissez et enrubannez ce morceau de gelée de fils de collagène, vous obtenez un matériau à la fois flexible et résistant à la tension. Voilà, en gros, ce qu'est le cartilage. Le tampon idéal pour nos articulations. Le rôle des cellules cartilagineuses consiste à sécréter ces molécules pendant la croissance de l'animal et à en maintenir le taux après.

Par leur proportion, ces diverses matières déterminent l'essentiel des différences mécaniques entre les os, le cartilage et les dents. Ces dernières sont très dures, il est donc logique de trouver dans les cellules de l'émail beaucoup d'hydroxyapatite et relativement peu de collagène. L'os, lui, possède relativement plus de collagène, moins d'hydroxyapatite et pas d'émail du tout. Il est donc moins dur que la dent. Le cartilage, enfin, contient beaucoup de collagène, pas d'hydroxyapatite et il est aussi très riche en protéoglycanes. C'est le plus mou des tissus du squelette. L'aspect et le fonctionnement de notre squelette tiennent en grande partie à la bonne répartition de ces molécules dans les proportions correctes.

Quel rapport avec l'origine des corps ? Il est une propriété commune à tous les animaux, qu'ils soient dotés d'un squelette ou pas : chacun, y compris l'amas de cellules, possède des molécules reposant entre ses cellules, et notamment divers types de collagène et de protéoglycanes. Le collagène est particulièrement important : c'est la protéine la plus commune chez l'animal, elle compose plus de 90 pour cent du poids de notre corps. Dans le passé lointain, pour que les corps se constituent, il a bien fallu que ce genre de molécule existe.

Mais, pour faire un corps, il faut impérativement autre chose : que les cellules de nos os puissent se fixer l'une à l'autre et se parler. Comment les cellules osseuses se raccordent-elles, et comment les différentes parties d'un os savent-elles qu'il faut se comporter différemment ? On en vient à notre kit d'assemblage corporel.

Comme toutes les cellules du corps, celles des os s'assemblent à l'aide de minuscules rivets moléculaires, dont il existe une grande diversité. Certains maintiennent les cellules comme la colle forte le fait avec la semelle de la chaussure : une molécule est solidement attachée à la membrane externe d'une cellule, une autre à la membrane externe d'une cellule voisine. Ainsi fixée aux membranes de deux cellules, cette glu constitue un lien stable entre elles.

Parmi ces rivets moléculaires, certains sont tellement raffinés qu'ils se montrent extrêmement sélectifs et ne se lient qu'à des rivets de même type. Ce fait a des implications immenses, parce qu'il tient un rôle essentiel dans l'organisation de notre corps. En s'assurant que les cellules osseuses se fixent aux cellules osseuses, celles de la peau avec celles de la peau et ainsi de suite, ces rivets sélectifs déterminent la disposition des cellules. Ils se chargent d'organiser le corps à défaut de toute autre information. Si l'on met dans un bac un certain nombre de cellules, chacune dotée de son rivet sélectif, et qu'on les laisse se multiplier, elles auront tendance à s'organiser. Selon le nombre et le type de rivets qu'elles possèdent, certaines constitueront par exemple des boules, d'autres des feuillets.

Mais le plus important entre les cellules est peut-être leur façon d'échanger des informations. Le profil précis de notre squelette, et d'ailleurs de notre corps tout entier, n'est réalisable que parce que chaque cellule sait comment se comporter. Une cellule doit savoir quand se diviser, quand produire des molécules, et quand mourir. Si, par exemple, des cellules osseuses ou cutanées se comportaient de façon imprévisible – si elles se divisaient trop ou mouraient trop peu – nous serions vraiment très laids, ou, pis, très morts.

Pour communiquer entre elles, les cellules emploient des « mots » écrits sous forme de molécules se déplaçant de cellule en cellule. Une cellule « parle » à une autre en lui envoyant des molécules, aller et retour. Un mode relativement simple de communication intercellulaire, par exemple, consiste pour une cellule à émettre un signal, qui revêt en l'occurrence la forme d'une molécule. Cette molécule se fixe à la paroi extérieure, la membrane, de la cellule recevant le message. Ainsi fixée, la molécule déclenche une réaction en chaîne d'événements moléculaires qui, dans de nombreux cas, se propage de la membrane externe jusqu'au noyau de la cellule. Rappelons ici que le noyau contient les données génétiques. Par conséquent, ce signal moléculaire peut déclencher l'activation ou la désactivation d'un ou plusieurs gènes. Il en résulte au bout du compte que la cellule réceptrice d'informations modifie son comportement : elle meurt, se divise, ou produit de nouvelles molécules en réponse à la demande de l'autre cellule.

Au niveau le plus élémentaire, ce sont ces choses qui rendent possible l'existence du corps. Tous les animaux dotés d'un corps possèdent des molécules structurelles telles que le collagène et les protéoglycanes, ainsi que la gamme des rivets moléculaires qui maintiennent ensemble les cellules, et les outils moléculaires permettant aux cellules de communiquer entre elles.

Nous voilà pourvus d'une image de recherche qui va nous aider à comprendre le comment de l'origine des corps. Recherchons donc ces molécules dans les corps les plus primaires de la planète, puis, pour finir, dans les créatures carrément dépourvues de corps.

Bodybuilding pour un blob

Quel point commun y a-t-il entre un professeur et le *blob* ? Pour répondre, observons l'un des corps les plus primaires vivant aujourd'hui.

Il est une créature qui présente l'improbable spécificité de ne quasiment jamais se laisser voir à l'état sauvage. À la fin des années 1880, on a découvert qu'un animal étonnamment élémentaire habitait sur les parois de verre d'un aquarium. Ça ne ressemblait à rien de vivant, plutôt à un amas visqueux, comparable à la créature extraterrestre du film avec Steve McQueen : *Le Blob*. Rappelez-vous, il s'agissait d'une masse amorphe de pâte dégoulinante venue du ciel et qui engloutissait ses proies : chiens, personnes, et même, pour finir, petits snack-bars de paisibles bourgades de Pennsylvanie. L'extrémité digestive du blob se situait au-dessous, on ne la voyait jamais, on entendait seulement les hurlements des créatures qui s'y faisaient attraper. Réduisez le blob à quelques centaines de cellules, sur environ deux millimètres de diamètre, et vous obtenez l'énigmatique créature dite placozoaire. Elle ne compte que quatre types de cellules, qui composent un corps en forme de petite plaque, mais ça n'en est pas moins un vrai organisme. Certaines des cellules du dessous sont spécialisées dans la digestion ; d'autres possèdent un flagelle, qui bat pour permettre le déplacement de cette créature dont on ne sait pas grand-chose de l'alimentation à l'état sauvage, du lieu où elle évolue, ni de l'habitat naturel. N'empêche, ces simples blobs nous révèlent une chose capitale : avec leur petit nombre de cellules spécialisées, ces créatures primaires pratiquent déjà la séparation des tâches.

Pour l'essentiel, on trouve les propriétés les plus intéressantes du corps chez le placozoaire, dont l'organisme, malgré un fonctionnement très primaire, n'en est pas moins réel. Lorsqu'on fouille son ADN et qu'on examine les molécules présentes à la surface de ses cellules, on constate déjà la présence des principaux instruments nécessaires à la construction du corps. Le placozoaire possède une variante de nos rivets moléculaires et les mêmes outils de communication intercellulaire que nous.

On trouve donc ces instruments chez un blob encore plus élémentaire que les empreintes de Reginald Sprigg ; mais peut-on remonter plus loin, à des organismes plus simples encore ? On trouve un élément de réponse dans un ustensile incontournable de nos cuisines : l'éponge. Il n'y a, à première vue, rien d'extraordinaire à une éponge. Son corps est composé de sa matrice proprement dite ; ce n'est pas du vivant, c'est un genre de silice (matière vitreuse) ou de carbonate de calcium (constituant les carapaces dures) mêlé de collagène aux interstices. Cela en soi suffit à la rendre intéressante. Rappelons que le collagène est un élément majeur des espaces séparant nos cellules, qu'il fixe ensemble des cellules et de nombreux tissus. Elles n'en ont pas l'air, mais les éponges possèdent déjà l'un des éléments distinctifs du corps.

C'est H.V.P. Wilson qui, au début du XXe siècle, a révélé toute la magie de l'éponge. Arrivé en 1894 à l'université de Caroline du Nord en tant que premier professeur de biologie, il y a formé une génération de chercheurs qui allait faire référence en génétique et en biologie cellulaire tout au long du siècle suivant en Amérique du Nord. Dans sa jeunesse, Wilson avait jeté son dévolu sur, allez savoir pourquoi, les éponges, choisissant d'y consacrer sa carrière de chercheur. L'une de ses expériences a révélé chez ces créatures apparemment si simples une propriété vraiment remarquable. Il les a d'abord passées au tamis, ce qui les a fragmentées en cellules désagrégées. Puis il a placé ces cellules de type amibien dans une cuvette et les a lavées. Au début, elles flottaient librement à la surface de la cuvette. Puis, quelque chose d'étonnant s'est produit : elles se sont rassemblées. Elles ont d'abord constitué des pelotes rouges un peu cotonneuses. Ensuite, elles se sont mieux organisées, et regroupées selon des schémas bien distincts. Le paquet de cellules a fini par reconstituer un corps d'éponge tout neuf, où chaque type de cellules occupait la position appropriée. Wilson a vu un corps se constituer sous ses yeux à partir de presque rien. Si nous étions comme les éponges, le personnage interprété par Steve Buscemi, dans le film *Fargo* des frères Coen, qui se fait déchiqueter dans un broyeur à bois, se serait relevé comme neuf. L'expérience aurait même eu pour lui quelque chose de revigorant, puisque ses cellules auraient pu former plusieurs versions simultanées de sa personne.

Ce qui rend l'éponge si précieuse à la compréhension de l'origine de notre propre corps, ce sont ses cellules. L'intérieur d'une éponge compose un espace, parfois divisé en compartiments, selon l'espèce, où l'eau circule sous le commandement d'une cellule d'un genre très particulier, en forme de verre à pied et dont l'orifice est orienté vers l'intérieur de l'éponge. De minuscules cils battent depuis les bords de la coupe pour capturer des particules de nourriture dans l'eau. Ces cellules sont aussi dotées d'un grand flagelle, émergeant lui aussi de la coupe. Le battement concerté des flagelles de ces petites cellules fait circuler l'eau et la nourriture à travers les pores de l'éponge. D'autres cellules à l'intérieur traitent les particules alimentaires. D'autres encore jonchent la surface extérieure et se contractent lorsqu'une modification du courant impose à l'éponge de changer de forme.

Il y a loin de l'éponge au corps, mais elle en possède pourtant une bonne part des propriétés essentielles : ses cellules pratiquent la division des tâches ; elles communiquent entre elles ; et l'ensemble fonctionne comme un tout individuel. L'éponge est organisée, différents types de cellules y exercent différentes fonctions. Oui, il y a loin de l'éponge au corps humain et ses billions de cellules finement disposées, mais elle partage certaines de ses caractéristiques. Elle possède l'essentiel de l'adhérence, de la communication intercellulaire et du matériel d'échafaudage qui sont les nôtres. L'éponge est un corps, aussi primaire et relativement désorganisé soit-il.

Comme le placozoaire et l'éponge, nous comptons de nombreuses cellules. Comme eux, notre corps pratique la répartition du travail entre ses parties. L'ensemble du dispositif qui maintient l'intégrité corporelle est également présent : rivets fixant entre elles les cellules, instruments divers de communication, et molécules situées entre les cellules. Comme nous et tous les animaux, le placozoaire et l'éponge contiennent même du collagène. Bien sûr, ils possèdent de ces caractéristiques des variantes très basiques : au lieu de vingt et un collagènes, l'éponge n'en compte que deux. Nous possédons des centaines de types de rivets moléculaires, l'éponge n'a qu'une petite fraction de ce nombre. L'éponge est plus simple que nous, elle ne possède pas la même diversité de cellules, mais l'essentiel de l'outillage nécessaire à la fabrication des corps est bien là.

Placozoaires et éponges sont à peu près ce qu'on peut trouver de plus élémentaire en termes de corps. Pour aller plus loin, il faudrait rechercher les mêmes éléments bâtisseurs dans des créatures totalement dépourvues de corps : les microbes unicellulaires.

Comment comparer un microbe à un animal corporel ? Retrouve-t-on dans des créatures unicellulaires les outils qui bâtissent le corps des animaux ? Si oui, et s'ils ne sont pas en train de bâtir un corps, que font-ils donc ?

Le moyen le plus direct de chercher réponse à ces questions consiste à observer l'intérieur des gènes des microbes pour y déceler d'éventuelles similitudes avec l'animal. Les premières comparaisons entre génome animal et microbien ont révélé un fait frappant : chez beaucoup d'animaux unicellulaires, l'essentiel de l'outillage moléculaire servant à l'adhérence, à l'interaction, etc., n'est tout bonnement pas présent. Des analyses ont laissé entendre qu'on trouve plus de huit cents molécules de ce type chez l'animal corporel et aucune chez les animaux unicellulaires. Cela semblerait impliquer que les gènes permettant l'union des cellules pour constituer le corps sont apparus au même moment que les corps. Il peut d'ailleurs sembler logique à première vue que les outils nécessaires à la fabrication du corps soient arrivés dans le même souffle que le corps lui-même.

Mais le scénario s'est inversé quand Nicole King, de l'université de Californie à Berkeley, s'est intéressée à des organismes dits choanoflagellés. Elle n'avait pas choisi son sujet au hasard : la recherche sur l'ADN lui avait soufflé que ces organismes étaient probablement le plus proche parent microbien des animaux corporels, des placozoaires et des éponges. Elle soupçonnait aussi que les gènes des choanoflagellés abritaient des variantes de l'ADN qui fait notre corps.

Pour ses recherches, Nicole a bénéficié des apports du projet du Génome humain, qui est parvenu à établir la cartographie de tous les gènes de notre corps. Le succès de ce projet a entraîné beaucoup d'autres projets similaires : il y a eu le projet du Génome du rat, celui de la mouche, du bourdon – certains sont même en train de séquencer le génome de l'éponge, du placozoaire et des microbes. Ces relevés constituent une mine d'informations parce qu'ils permettent de comparer les gènes bâtisseurs de nombreuses espèces. Ils ont aussi fourni à Nicole King l'outil génétique nécessaire à son étude des choanoflagellés.

Ces derniers ressemblent vaguement aux cellules en verre à pied que contient l'éponge. En fait, on a longtemps cru qu'il s'agissait d'éponges dégénérées – des éponges privées de toutes les autres cellules. Mais si tel avait été le cas, l'ADN des choanoflagellés évoquerait celui d'une éponge un peu bizarre. Or, il n'en est rien. Lorsqu'on a comparé des fragments d'ADN de choanoflagellé à celui des éponges et des microbes, c'est la ressemblance avec les microbes qui s'est révélée frappante. Le choanoflagellé est un microbe unicellulaire.

Avec ses travaux sur le choanoflagellé, Nicole King a fait voler en éclats la distinction génétique entre « microbe unicellulaire » et « animal corporel ». La plupart des gènes activés chez le choanoflagellé le sont aussi chez l'animal. En fait, beaucoup de ces gènes relèvent du mécanisme qui bâtit le corps. Voici quelques exemples illustrant toute l'importance de cette comparaison. Les fonctions d'adhérence et de communication des cellules, et même certaines parties des molécules qui composent la matrice entre les cellules, ou les cascades moléculaires qui convoient un signal de l'extérieur à l'intérieur de la cellule – tout cela est présent chez le choanoflagellé. Comme l'est le collagène. Et aussi les divers types de rivets moléculaires qui maintiennent la cohésion des cellules, bien qu'ils y accomplissent un travail légèrement différent.

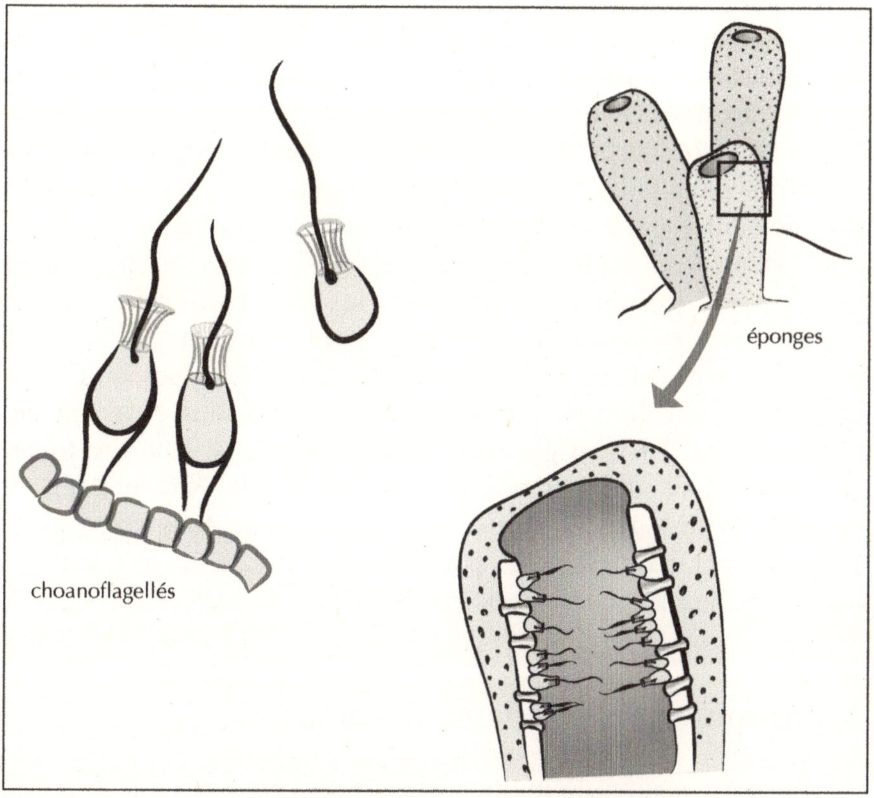

Choanoflagellés (gauche) et éponges (droite).

Les choanoflagellés ont même fourni à Nicole King une feuille de route pour mener la comparaison de nos outils de fabrication du corps à ceux d'autres microbes. Les composants fondamentaux du collagène et des protéoglycanes existent chez un certain nombre de microbes de différents types. Le streptocoque, une bactérie très répandue dans notre bouche (et, souhaitons-le, rare ailleurs), présente à la surface de ses cellules une molécule très semblable au collagène. Sa signature moléculaire est identique, mais elle ne s'agrège pas sous forme de cordes ou de feuillets comme le fait le collagène chez l'animal. De même, on trouve certains des sucres qui composent les complexes de protéoglycanes de notre cartilage dans la membrane de divers types de bactéries. Chez les bactéries et les virus, la fonction de ces sucres n'est pas très plaisante, puisqu'ils interviennent dans la façon dont ces agents envahissent et infectent les cellules pour, bien souvent, gagner en virulence. Bon nombre des molécules qu'utilisent les microbes pour nous faire des misères sont une version primaire des molécules qui permettent à notre corps d'exister.

C'est un vrai casse-tête. Dans le registre des fossiles, on ne trouve que des microbes pendant les 3,5 premiers milliards d'années d'existence de la Terre. Puis, soudain, en quelque 40 millions d'années, voilà qu'apparaissent tous types de corps : corps de plantes, corps fongiques, corps d'animaux ; on voit des corps partout. Un vrai phénomène de mode. Et si l'on tire toutes les conclusions qui s'imposent des travaux de Nicole King, le potentiel pour bâtir ces corps était déjà en place longtemps avant les corps eux-mêmes. Alors pourquoi une telle ruée vers le corps après tant de millénaires sans corps du tout ?

Un parfait orage à l'origine des corps

Tout est question de moment. Les idées, inventions et concepts les plus porteurs ne prévalent pas toujours. Combien de musiciens, d'inventeurs et d'artistes ont-ils montré une telle avance sur leur temps qu'ils sont morts dans l'oubli pour n'être découverts que plus tard ? Qu'il suffise de considérer le cas d'Héron d'Alexandrie, qui, autour du premier siècle de notre ère, inventa la turbine à vapeur. Le monde n'était pas prêt.

L'histoire de la vie ne fonctionne pas autrement. Il y a un temps pour tout, peut-être même pour les corps. Pour bien le percevoir, il faut nous demander ce qui, au départ, a pu pousser le corps à apparaître ?

Il existe à ce sujet une théorie extrêmement simple : les corps seraient apparus parce que les microbes cherchaient de nouvelles façons de dévorer l'autre ou d'éviter de l'être. Posséder un corps constitué de nombreuses cellules offre à l'individu l'avantage de la taille. Grossir est souvent le meilleur moyen de ne pas se faire manger. C'est donc peut-être pour répondre à ce besoin de défense que sont apparus les corps.

Lorsqu'un prédateur développe une nouvelle façon de se nourrir, les organismes qui constituent sa proie trouvent de nouvelles façons d'échapper à ce sort. Ce petit jeu est peut-être à l'origine de bon nombre de nos molécules bâtisseuses. Le mode d'alimentation de nombreux microbes consiste à se fixer à un congénère pour l'engloutir. Les molécules lui permettant de saisir sa proie et de s'y agripper font de bons candidats pour devenir les rivets qui rattachent les cellules de notre corps. Certains microbes sont capables de communiquer en fabriquant des composés qui influencent le comportement du voisin. Chez les microbes, l'interaction du prédateur et de sa proie comporte souvent des signaux moléculaires, que ce soit pour repousser l'agresseur ou poser un leurre incitant la proie à approcher. Les signaux de ce genre sont peut-être les précurseurs du type de ceux qu'emploient nos propres cellules pour échanger les informations assurant l'intégrité du corps.

On pourrait émettre une infinité d'hypothèses sur la question, mais il est plus excitant de chercher quelque preuve expérimentale montrant de façon tangible comment la prédation serait à l'origine des corps. C'est essentiellement à cela que se sont employés Martin Boraas et son équipe. Ils ont pris une algue habituellement unicellulaire qu'ils ont laissée vivre en laboratoire sur plus d'un millier de générations. Puis ils ont introduit un prédateur : une créature unicellulaire dotée d'un flagelle qui engloutit les autres microbes pour les ingérer. En moins de deux cents générations, l'algue a réagi en adoptant la forme d'un paquet de centaines de cellules ; au fil du temps, ce nombre a baissé pour atteindre huit unités par paquet. Huit, c'est le nombre optimal parce qu'il constitue un paquet assez gros pour ne pas se faire manger, mais assez petit pour que chaque cellule puisse recevoir la lumière nécessaire à sa survie. Lorsqu'on a retiré le prédateur, on a constaté une chose des plus étonnantes : l'algue a continué de se reproduire en fabriquant des individus à huit cellules. Pour résumer, une version simple d'un corps multicellulaire était issue d'un non-corps.

S'il suffit de quelques années pour qu'un non-corps donne lieu à un corps simple, imaginez ce qu'il peut se passer sur des milliards d'années. La question n'est donc plus de savoir comment le corps a bien pu apparaître, mais pourquoi il ne l'a pas fait plus tôt.

La réponse à cette nouvelle énigme réside dans le milieu où apparurent les corps : peut-être le monde n'était-il pas prêt à les accueillir.

Le corps est un bien extrêmement coûteux. Les avantages d'en posséder un gros sont évidents : outre celui d'échapper aux prédateurs, il y a celui de pouvoir manger plus petit que soi ou de parcourir activement de longues distances. Ces aptitudes offrent à l'animal une plus grande maîtrise sur son milieu, mais elles consomment aussi beaucoup d'énergie. Plus le corps grossit et comporte de collagène, plus il consomme. La synthèse du collagène requiert beaucoup d'oxygène, ce qui aurait considérablement accru les besoins de nos ancêtres.

Mais il y avait un problème : autrefois sur la Terre, le niveau d'oxygène était très bas. Pendant des milliards d'années, l'atmosphère en a contenu sensiblement moins qu'aujourd'hui. Puis, il y a environ un milliard d'années, ce taux s'est considérablement accru pour se stabiliser à un niveau relativement élevé jusqu'à nos jours. Comment le sait-on ? Par la chimie des roches – les roches d'il y a un milliard d'années portent la signature révélatrice d'une constitution impliquant des taux d'oxygène croissants. Peut-on lier l'accroissement de la teneur en oxygène de l'atmosphère à l'apparition des corps ?

Peut-être a-t-il fallu l'équivalent paléontologique d'un orage parfait ? Pendant des milliards d'années, les microbes ont développé de nouveaux modes d'interaction, entre eux ainsi qu'avec leur environnement. Ce faisant, ils ont rencontré un certain nombre des éléments et des outils moléculaires intervenant dans la fabrication des corps, bien qu'ils les aient employés à autre chose. Par ailleurs, le prétexte nécessaire à l'apparition des corps était déjà en place : les microbes venaient de passer un milliard d'années à s'entredévorer. Il y avait donc à la fois les raisons de bâtir des corps, et les outils pour le faire.

Il ne manquait plus qu'une chose : suffisamment d'oxygène sur Terre pour les alimenter. Dès que le taux d'oxygène a augmenté, les corps sont apparus partout. Et la vie ne serait plus jamais la même.

8

Fabrique d'odorat

Au début des années 1980, la tension était palpable entre les biologistes moléculaires et les scientifiques des organismes complets – écologistes, anatomistes et paléontologues. Les anatomistes, par exemple, paraissaient gentiment hors du coup, désespérément attachés à un type de science désuet. La biologie moléculaire révolutionnait notre approche de l'anatomie et de la biologie du développement, au point de faire passer les disciplines classiques, comme la paléontologie, pour autant de fausses-routes de l'histoire de la biologie. J'en suis même venu à redouter que mon amour des fossiles me vaille d'être remplacé par un séquenceur automatique d'ADN.

Vingt ans plus tard, me voilà encore à creuser la terre et à casser des cailloux. Cela ne m'empêche pas de récolter de l'ADN et d'en étudier le rôle dans le développement. Il est habituel que l'entame des débats fasse jaillir les positions jusqu'au-boutistes, mais, au fil du temps, l'intransigeance fait place à une approche plus réaliste. Les fossiles et la géologie demeurent une source extrêmement précieuse d'indices sur le passé ; rien d'autre ne nous révèle les milieux et éléments de transition qui ont jalonné l'histoire du vivant. On l'a vu, l'ADN nous offre pour sa part une vue extraordinaire sur cette histoire et sur la formation des corps et des organes, particulièrement dans les plages restées vacantes dans le registre des fossiles. Nombre d'éléments du corps – les tissus mous, par exemple – ne fossilisent pas bien, et l'on ne dispose à leur sujet de pas grand-chose d'autre que l'ADN.

Il est incroyablement facile d'extraire de l'ADN d'un corps, au point que vous pouvez le faire vous-même dans votre cuisine. Prenez une poignée de tissu végétal ou animal – des petits pois, par exemple, ou du bifteck, ou encore du foie de volaille. Ajoutez du sel et de l'eau, et versez le tout dans un mixeur, pour en faire de la bouillie. Ajoutez du liquide à vaisselle. Le savon défait les membranes qui entourent les cellules trop petites pour les lames du mixeur. Ensuite, ajoutez de l'attendrisseur chimique, qui va défaire certaines protéines rattachées à l'ADN. Vous voilà en présence d'une soupe savonneuse à l'attendrisseur de viande, truffée d'ADN. Ajoutez enfin de l'alcool à 90°. Vous obtenez deux couches de liquide : de la bouillie savonneuse au fond, de l'alcool clair au-dessus. L'ADN présentant une réelle attirance pour l'alcool, il s'y déplacera. Si une boule blanche gluante apparaît dans l'alcool, vous avez réussi : c'est l'ADN.

À partir de cette boule blanche, vous voilà en position de comprendre une bonne partie de ce qui au fond nous relie au reste du vivant. La méthode, qui coûte une fortune en heures et en dollars, consiste à comparer la structure et la fonction de l'ADN dans différentes espèces. Ce qui suit est quelque peu contraire à l'intuition. En extrayant l'ADN de *n'importe quel* tissu, mettons le foie, de différentes espèces, on peut concrètement déchiffrer l'histoire de quasiment n'importe quelle partie de notre corps, y compris notre odorat. À l'intérieur de l'ADN, qu'il provienne du foie, du sang ou du muscle, se trouve l'essentiel de l'appareillage que nous employons pour détecter les odeurs dans l'air qui nous entoure. Rappelons ici que toutes nos cellules contiennent le même ADN ; la seule chose qui change, c'est quels fragments sont activés ou pas. Les gènes intervenant dans l'odorat sont présents dans chacune de nos cellules, mais ne sont actifs que dans la région nasale.

On le sait, les odeurs déclenchent dans notre cerveau des impulsions qui peuvent profondément influencer notre perception du monde. Un courant d'air suffit à nous renvoyer au parfum des salles de classe de notre enfance ou à l'intimité moisie du grenier de nos grands-parents, et fait resurgir des sensations longtemps enfouies. Évidemment, les odeurs jouent parfois un rôle vital. Celle d'un savoureux repas nous met en appétit ; celle des eaux usées nous indispose. Nous sommes programmés pour fuir l'œuf pourri. Vous voulez vendre votre maison ? Sans l'ombre d'une hésitation, lors de la visite d'acquéreurs potentiels, faites plutôt cuire du pain dans le four que bouillir du chou. C'est encore plus flagrant si l'on considère les sommes d'argent que nous investissons collectivement dans l'odorat ; en 2005, aux seuls États-Unis, l'industrie du parfum a généré 24 milliards de dollars. Tout cela atteste du fait que l'odorat est très profondément enraciné en nous. Il est aussi très ancien.

Notre odorat nous permet de distinguer entre cinq et dix mille odeurs. Certains individus sont capables de détecter les molécules odorantes du poivron vert à partir d'une concentration inférieure à un pour un billion. C'est comme retrouver un grain de sable sur une plage d'un kilomètre et demi de long. Comment diable pouvons-nous être capables de cela ?

Ce que nous percevons comme une odeur est en fait la réaction de notre cerveau à un cocktail de molécules flottant dans l'air. Celles qu'au bout du compte nous identifions comme une odeur sont minuscules, assez légères pour rester en suspension. En respirant, ou en humant, nous aspirons ces molécules odorantes dans nos narines. De là, elles gagnent une région située derrière notre nez, où elles sont capturées par la muqueuse qui tapisse nos conduits nasaux. À l'intérieur de ce revêtement se trouve une plaque de tissu parsemée de millions de cellules nerveuses, dont chacune est dotée d'une petite projection connectée à la membrane muqueuse. Lorsque les molécules atteignent les cellules nerveuses, des signaux sont émis vers notre cerveau. C'est ce dernier qui enregistre ces signaux en tant qu'odeur.

Le mécanisme moléculaire de l'odorat fonctionne comme celui d'une serrure. Il y a la serrure, la molécule odorante, et sa clé, le récepteur de la cellule nerveuse. Une fois capturée par les membranes muqueuses de notre nez, la molécule interagit avec un récepteur sur la cellule nerveuse. Le signal n'est transmis au cerveau qu'une fois qu'elle s'est fixée à son récepteur. Chaque récepteur est sensible à un type de molécule différent, c'est-à-dire qu'une odeur donnée peut comporter beaucoup de molécules, et amener beaucoup de récepteurs à émettre un signal au cerveau.

La meilleure analogie avec les odeurs nous vient de la musique, c'est l'accord. Un accord est composé de plusieurs notes émises ensemble, comme une seule. De même, une odeur est le produit des signaux de nombreux récepteurs sensibles à différentes

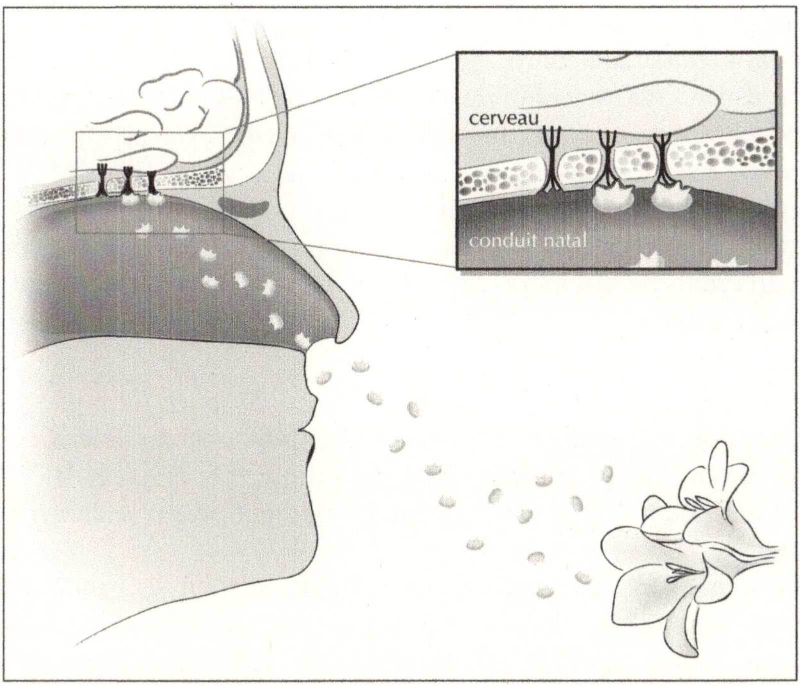

Molécules (très, très agrandies) d'effluves de fleur dans l'air. Ces molécules se fixent à des récepteurs du revêtement de nos cavités nasales. Une fois qu'elles sont fixées, un signal est émis vers notre cerveau. Chaque odeur se compose de nombreuses molécules distinctes fixées à différents récepteurs. Notre cerveau intègre ces signaux quand nous percevons une odeur.

molécules odorantes. Notre cerveau perçoit ces différentes impulsions comme une seule odeur.

Comme chez les poissons, les batraciens, les reptiles, les mammifères et les oiseaux, l'essentiel de notre odorat siège dans le crâne. Comme tous les autres, nous sommes dotés d'un ou de plusieurs orifices par lesquels nous faisons entrer l'air, et d'une série de tissus spécialisés où les substances chimiques qu'il contient interagissent avec les neurones. En retraçant le schéma de ces orifices, de ces espaces et de ces membranes du poisson à l'homme, un profil d'ensemble se dégage. Les animaux les plus primaires dotés d'un crâne, les poissons sans mâchoire comme la lamproie ou la myxine, captent les odeurs dans la mer, pas dans l'air. Nos plus proches parents poissons possèdent un dispositif assez semblable au nôtre : l'eau pénètre une narine et échoue dans une cavité reliée à la bouche. Des poissons comme le dipneuste ou Tiktaalik possèdent deux types de narine : l'une externe, l'autre interne. En cela, ils nous ressemblent considérablement. Fermez la bouche et respirez. L'air pénètre une narine externe et traverse la cavité nasale pour gagner l'arrière de notre gorge par des voies internes. Nos poissons ancêtres aussi possédaient des narines externes et internes, et il ne surprendra personne que ces poissons-là partagent précisément avec nous les os du bras et d'autres caractéristiques.

Notre appareil olfactif conserve la trace de notre long passé de poisson, de batracien et de mammifère. Nos connaissances en la matière ont fait un bond en 1991, lorsque Linda Buck et Richard Axel ont découvert la grande famille des gènes qui codent notre odorat.

En concevant leurs expériences, Buck et Axel se sont fondés sur trois grands présupposés. D'abord, à partir des travaux préalables d'autres laboratoires, ils ont formulé une hypothèse raisonnée de l'apparence probable des gènes codant les récepteurs olfactifs. Leurs prédécesseurs avaient révélé la structure très caractéristique de ces gènes dotés d'un certain nombre de boucles moléculaires permettant le convoyage d'information à travers une cellule.

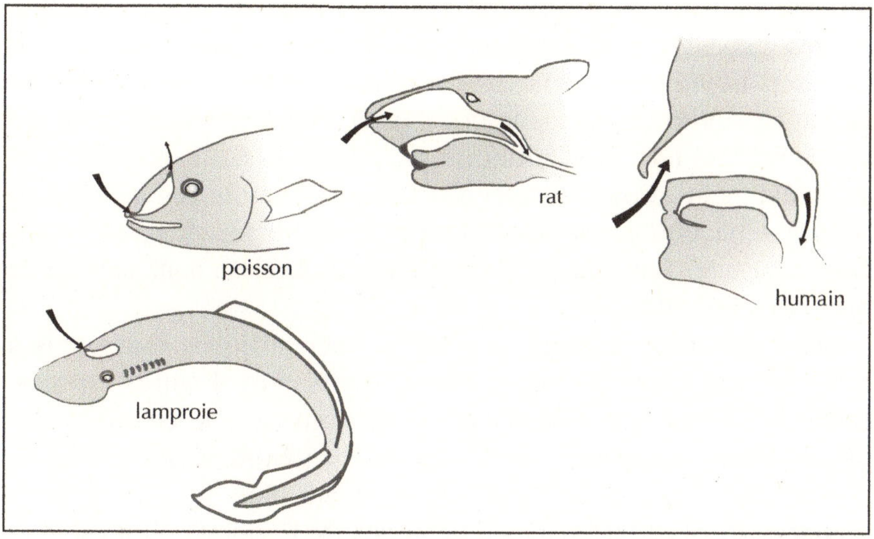

Orifices nasaux et flux des molécules odorantes, du poisson sans mâchoire à l'homme.

C'était un indice important, parce qu'il permettait à Buck et Axel de rechercher dans le génome de la souris chacun de ces gènes. Deuxièmement, ils sont partis du principe que les gènes de ces récepteurs devaient avoir une activité très strictement délimitée – et n'être activés que dans les tissus intervenant dans l'odeur. C'est logique : si quelque chose participe à l'odorat, il est forcément cantonné aux tissus dont c'est la spécialité. Troisième et dernier présupposé – particulièrement audacieux celui-là –, Axel et Buck se sont dit qu'il ne devait pas y avoir qu'un gène de ce type, ni même qu'un petit nombre, mais au contraire beaucoup. Cette hypothèse reposait sur la grande profusion de substances chimiques distinctes susceptibles de générer différentes odeurs. Si à chaque type de substance chimique correspondait son récepteur/gène spécialisé, il y avait forcément beaucoup, beaucoup de gènes. Considérant les données dont ils disposaient alors, cela n'était pas si évident.

Les trois présupposés de Buck et Axel se sont avérés gagnants. Ils ont bien trouvé des gènes présentant la structure caractéristique du récepteur qu'ils recherchaient. Ils ont constaté que l'ensemble de ces gènes n'était actif que dans les tissus intervenant dans l'odorat, l'épithélium olfactif. Enfin, ils ont trouvé ces gènes en grande quantité. Ils avaient fait carton plein. Buck et Axel ont alors constaté un fait sidérant : 3 pour cent de notre génome sont exclusivement alloués aux gènes de la détection des différentes odeurs. Chacun de ces gènes donne lieu à un récepteur de molécule odorante. Pour ces travaux, Buck et Axel se sont partagé le prix Nobel en 2006.

Dans le sillage de Buck et Axel, les scientifiques sont partis à la pêche aux gènes des récepteurs olfactifs chez d'autres espèces. Il se trouve que ces gènes sont la trace vivante de certaines des plus grandes transitions de l'histoire du vivant. Considérons le passage de l'eau à la terre ferme, voici plus de 365 millions d'années. Il existe deux types de gènes de l'odorat : l'un est spécialiste du captage d'odeurs chimiques dans l'eau, l'autre dans l'air. La réaction chimique qui se produit entre la molécule odorante et le récepteur n'est pas la même dans les deux milieux, d'où la nécessité de récepteurs légèrement différents. Comme on peut s'y attendre, les neurones nasaux des poissons sont dotés des récepteurs propres à l'eau, ceux des mammifères et des reptiles en possèdent de propres à l'air.

Cela nous permet d'expliquer le cas des poissons les plus primaires aujourd'hui vivants, les poissons sans mâchoire, comme la lamproie et la myxine. Il se trouve qu'à la différence des poissons plus avancés et des mammifères, ces créatures ne possèdent ni les gènes « de l'air » ni ceux « de l'eau » ; leurs récepteurs sont en fait une combinaison des deux modèles. L'implication est claire : ces poissons primaires sont apparus avant la division des gènes de l'odorat en deux catégories.

Les poissons sans mâchoire recèlent un autre indice extrêmement important : ils possèdent un très petit nombre de gènes olfactifs. Leurs congénères à squelette osseux en possèdent davantage, plus encore que les batraciens et les reptiles. Les gènes de l'odorat se sont multipliés au fil du temps, passant d'un nombre relativement faible chez les créatures primaires comme les poissons sans mâchoire à celui, nettement supérieur, qu'on trouve chez le mammifère. Nous, mammifères pourvus de plus d'un millier de ces gènes, consacrons une part considérable de notre capital génétique au seul odorat. On peut penser que plus un animal en est pourvu, mieux il distingue différents types d'odeurs. À cet égard, il est logique que nous en possédions autant – les mammifères sont de grands spécialistes du reniflement d'animaux, qu'on songe pour s'en convaincre aux aptitudes du chien de chasse.

Mais que nous vaut pareil surcroît de gènes olfactifs ? Sont-ils tombés du ciel ? L'histoire de cette expansion est très lisible dans la structure même de ces gènes. Si l'on compare les gènes olfactifs d'un mammifère à ceux, moins nombreux, d'un poisson sans mâchoire, il apparaît que tous les gènes « supplémentaires » du premier constituent une variation sur le même thème : on dirait des copies, certes modifiées, de ceux du poisson sans mâchoire. C'est-à-dire que notre abondance de gènes olfactifs provient de nombreux cycles de duplication du petit nombre de gènes présents chez les espèces primaires.

Ce qui nous met devant un paradoxe. Comme tous les mammifères, l'homme consacre à peu près 3 pour cent de son génome à l'odorat. Lorsque les généticiens se sont penchés sur la composition des gènes de l'odorat humain, ils ont eu une grosse surprise. Sur ce millier de gènes, environ trois cents sont rendus totalement inopérants par des mutations qui en ont irrémédiablement endommagé la structure (d'autres mammifères, eux, en font usage). Pourquoi posséder tant de gènes olfactifs alors qu'un si grand nombre est totalement hors d'usage ?

De tous les animaux, le dauphin et la baleine sont les mieux à même de nous éclairer à cet égard. Comme tous les mammifères, ils sont dotés de poils, de mamelles et leur oreille interne comporte trois os. Leur condition de mammifères apparaît aussi dans leurs gènes olfactifs : les cétacés ne possèdent pas de gènes spécialistes de l'eau comme le poisson, mais de l'air, comme les mammifères. L'évolution de mammifères des baleines et des dauphins est inscrite dans l'ADN de leur appareil olfactif. Mais elle soulève un problème intéressant : ils n'utilisent plus les voies nasales pour sentir. Alors, que fabriquent donc ces gènes ? L'ancien canal nasal s'est transformé en évent, qui sert à respirer, pas à sentir. Et sur le plan génétique l'effet est remarquable : les cétacés possèdent bien tous les gènes olfactifs, mais aucun ne fonctionne.

Le sort des gènes olfactifs du dauphin et de la baleine est commun à ceux de nombreuses espèces. Les mutations du génome surviennent de génération en génération. Lorsqu'une mutation neutralise la fonction d'un gène, cela peut avoir des conséquences fâcheuses, parfois mortelles. Mais qu'advient-il lorsqu'une mutation neutralise la fonction d'un gène inactif ? Nombre de théories mathématiques avancent l'évidence : ces mutations se transmettront silencieusement d'une génération à l'autre. C'est exactement ce qui semble s'être produit chez le dauphin. Il n'a plus besoin de ses gènes olfactifs, puisqu'il possède un évent, et les mutations qui ont neutralisé leurs fonctions ne font que s'accumuler au fil du temps. Ces gènes n'ont pas d'usage, mais ils demeurent dans l'ADN comme une trace muette de l'évolution.

Mais l'être humain, lui, possède bien un odorat, alors pourquoi tant de nos gènes olfactifs ont-ils été neutralisés ? C'est en comparant les gènes de différents primates que Yoav Gilad et ses collègues ont répondu à cette question. Ils ont constaté que les primates capables de voir les couleurs possèdent généralement un grand nombre de ces gènes olfactifs neutralisés. La conclusion s'impose : nous, humains, appartenons à une lignée qui a troqué l'odorat contre la vue. Nous utilisons aujourd'hui davantage les yeux que le nez, notre génome en atteste. Par cet échange, notre odorat s'est amoindri, et bon nombre de nos gènes olfactifs sont devenus inopérants.

Notre nez – ou, plus précisément, l'ADN responsable de notre odorat – transporte le lourd bagage de centaines de gènes olfactifs inutiles, légués par nos ancêtres mammifères qui misaient davantage sur l'odorat pour survivre. En fait, on peut pousser les comparaisons plus loin encore. Comme des photocopies qui perdent en qualité au fil des reproductions, nos gènes olfactifs sont de plus en plus dissemblables à mesure qu'on les compare à ceux de créatures de plus en plus primitives. Ils ressemblent beaucoup à ceux des primates, un peu moins à ceux des autres mammifères, encore un peu moins à ceux des reptiles, puis des batraciens, des poissons, et ainsi de suite. Ce bagage est le témoin silencieux de notre passé ; notre nez abrite tout un arbre de vie.

9

La vision

De toute ma carrière, il ne m'a été donné qu'une fois de voir l'œil d'une créature fossilisée. Ça n'était pas sur le terrain, lors d'une expédition, mais dans l'arrière-boutique d'un magasin de minéraux d'une petite ville du nord-est de la Chine. Mon collègue Gao Keqin et moi-même étions en train d'étudier les premières salamandres connues, de magnifiques fossiles extraits de la roche chinoise d'environ 160 millions d'années. Nous rentrions d'une tournée sur certains sites connus de Gao, mais dont le lieu était tenu secret, parce que ces fossiles de salamandre représentent une belle valeur pécuniaire pour les paysans qui tombent habituellement dessus. Ce qui rend ces spécimens si précieux, c'est que l'empreinte des tissus mous, comme les branchies, les entrailles et la notochorde, y est souvent préservée. Leur extrême rareté excite la convoitise des collectionneurs. À notre arrivée au magasin de minéraux, Gao et moi avions déjà recueilli plusieurs salamandres de grande beauté.

Ce marchand avait mis la main sur l'un des plus beaux fossiles de salamandre jamais trouvés. Gao, qui n'aurait raté ça pour rien au monde, a consacré l'essentiel de sa journée à négocier pour nous l'autorisation de le voir. Il y avait à tout cela quelque chose de très clandestin. Gao a passé plusieurs heures avec l'homme, discutant et gesticulant en chinois, fumant cigarette sur cigarette. De toute évidence, la négociation était âpre, mais, ne comprenant pas la langue, je n'avais pas idée du type d'offres en présence. Après maints hochements de tête ponctués d'une grande poignée de main, on m'a autorisé à pénétrer dans l'arrière-boutique pour contempler le fossile qui trônait sur le comptoir du commerçant. C'était époustouflant : j'avais devant moi le corps complet d'une larve de salamandre, d'une longueur n'atteignant pas huit centimètres. Dedans, on voyait les empreintes de l'animal entier, jusqu'aux petits coquillages qui avaient constitué son dernier repas. Et, pour la première et la dernière fois de ma carrière, j'observais l'œil d'un animal ancien fossilisé.

L'œil ne fait que rarement son chemin jusqu'au registre des fossiles. On l'a vu, les meilleures candidates à la préservation sont les parties dures de l'animal – os, dents et écailles. Qui souhaite comprendre l'histoire des yeux bénéficie toutefois d'un fait important. Dans le monde animal, une grande variété d'organes et de tissus sert à capter la lumière, des simples photorécepteurs de certains invertébrés aux yeux composés de divers insectes en passant par notre œil de type caméra. En quoi cette diversité peut-elle nous aider à comprendre l'évolution au fil des âges de notre aptitude à la vision ?

L'histoire de nos yeux pourrait être celle d'une automobile. Prenons l'exemple de la Chevrolet Corvette. On peut retracer l'histoire du modèle proprement dit – la Corvette – mais aussi celle de chacun de ses éléments. L'histoire de la « 'Vette » a commencé en 1953 et se prolonge à chacune de ses déclinaisons. Mais les pneus de la Corvette ont une histoire aussi, tout comme le caoutchouc dont ils sont faits. L'analogie avec le corps et les organes est particulièrement pertinente. Notre œil possède une histoire en tant qu'organe, mais également les éléments qui le composent, cellules et tissus, tout comme les gènes qui le fabriquent. La présence dans nos organes de ces différentes strates d'histoire nous amène à comprendre que nous ne sommes qu'une mosaïque de pièces détachées qu'on retrouve dans à peu près tout ce qui peuple la planète.

L'essentiel du traitement des images que nous percevons s'effectue en fait à l'intérieur du cerveau : le rôle de l'œil consiste seulement à capter la lumière sous une forme transportable jusqu'au cerveau, qui la traite ensuite sous forme d'image. Nos yeux, comme ceux de tout animal doté d'un crâne et d'une colonne vertébrale, fonctionnent comme de petites caméras. Une fois qu'elle a pénétré l'œil, la lumière est focalisée sur un écran au fond du globe oculaire, et traverse plusieurs couches en chemin. Elle commence par franchir la cornée, fine couche de tissu transparent qui tapisse le cristallin. La quantité de lumière entrante est contrôlée par un diaphragme, l'iris, qui s'ouvre et se contracte sous l'action de muscles indépendants de la volonté. Elle traverse ensuite le cristallin, qui, à la façon d'une caméra, focalise l'image. Le cristallin est entouré de muscles minuscules qui, en se contractant, modifient sa forme, permettant à l'œil de faire le point selon la distance. Chez le sujet sain, le cristallin est parfaitement transparent grâce aux protéines qui lui confèrent sa forme particulière et ses propriétés réceptrices de la lumière. Ces protéines ont une durée de vie exceptionnelle, ce qui permet au cristallin de continuer à fonctionner malgré l'âge. L'écran sur lequel se projette toute la lumière, la rétine, est gorgé de vaisseaux sanguins et de photorécepteurs. Ces derniers émettent vers le cerveau des signaux que nous n'interprétons qu'ensuite comme des images. La rétine absorbe la lumière par des cellules photosensibles, qui se répartissent en deux catégories : certaines sont très sensibles à la lumière, les autres moins. Les premières n'enregistrent qu'en noir et blanc ; les autres enregistrent la couleur. Dans le monde animal, on peut dire d'une espèce si elle est spécialisée pour le jour ou la nuit à la proportion de ce type de cellules sensitives que contiennent leurs yeux. Chez l'homme, elles constituent environ 70 pour cent des cellules sensorielles du corps. Ça en dit long sur l'importance que nous accordons à la vision.

Nous partageons cet œil-caméra avec toutes les créatures dotées d'un crâne, du poisson aux mammifères. On trouve chez l'animal toutes sortes d'yeux, du simple amas de cellules spécialistes de la détection de lumière au cristallin composé de la mouche, en passant par des versions primaires du nôtre. Pour comprendre l'histoire de nos yeux, il est capital de connaître le lien entre les systèmes qui donnent lieu à notre œil-caméra et ceux qui fabriquent tous les autres types d'yeux. Pour cela, nous allons nous pencher sur les molécules qui recueillent la lumière, les tissus qui nous servent à voir, et les gènes qui dirigent la fabrication du tout.

Molécules collectrices de lumière

Le processus par lequel les cellules captent la lumière se déroule à l'intérieur d'une molécule qui, en l'absorbant, change de forme et se scinde en deux parties. L'une est un dérivé de la vitamine A, l'autre d'une protéine nommée opsine. En se fractionnant, cette dernière déclenche une réaction en chaîne au terme de laquelle un neurone émet une impulsion à destination du cerveau. Les opsines qui nous servent à voir en noir et blanc ne sont pas les mêmes que celles de la couleur. De même qu'une imprimante à jet d'encre utilise trois ou quatre teintes pour les impressions couleur, nous employons trois molécules réceptrices de lumière pour voir en couleurs, mais une seule pour le noir et blanc.

Ces molécules changent donc de forme à la lumière, puis, après quelques minutes dans le noir, elles se régénèrent et retrouvent leur état d'origine. Nous en avons tous fait l'expérience : lorsqu'on passe d'un endroit lumineux à une chambre obscure, il est à peu près impossible de distinguer immédiatement les objets secondaires qui s'y trouvent. C'est le temps qu'il faut aux molécules pour se recharger. Après quelques minutes d'obscurité, la vue nous revient.

Malgré l'étonnante variété des organes photorécepteurs existants, chaque animal possède pour cette fonction le même type de

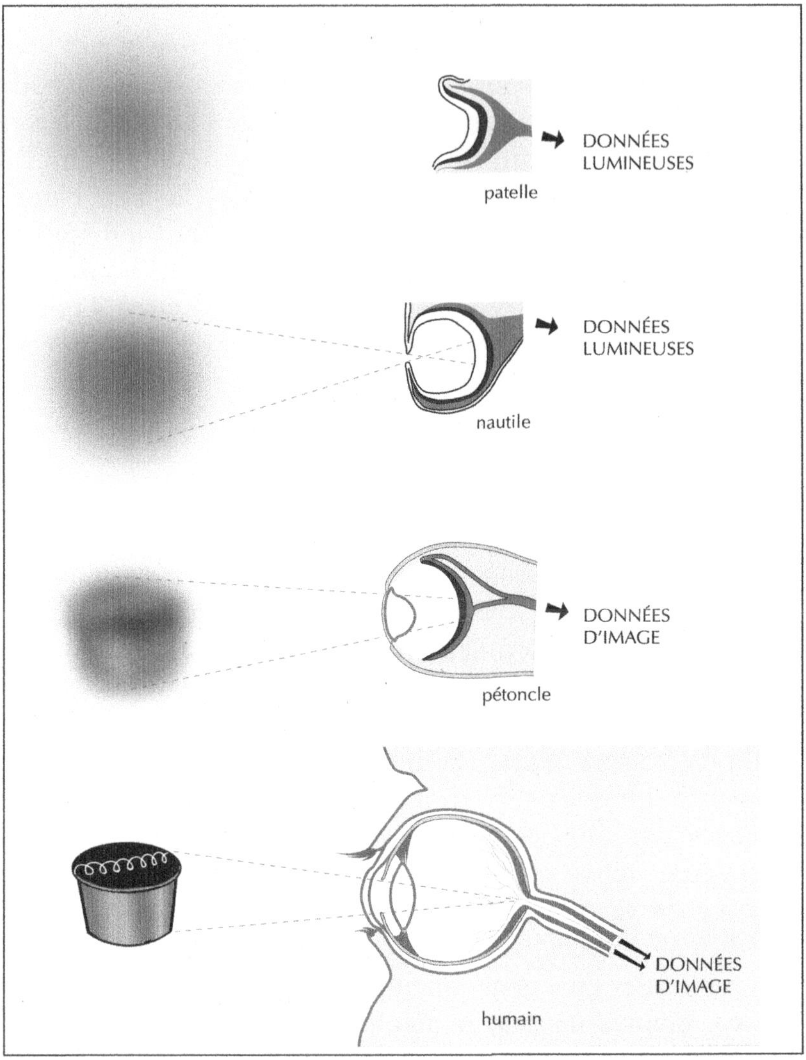

L'œil gagne en mise au point : des dispositifs primaires de captation de la lumière chez les invertébrés jusqu'à notre œil de type caméra doté d'une lentille (le cristallin). À mesure que l'œil évolue, l'acuité visuelle augmente.

molécule réceptrice. Insectes, humains, palourdes et pétoncles, nous sommes tous dotés d'opsines. À partir des différences entre les opsines des uns et des autres, il est possible de retracer l'histoire des yeux, et tout semble indiquer d'abord que nous devions leur existence aux bactéries.

Fondamentalement, l'opsine est une molécule qui convoie des informations de l'extérieur vers l'intérieur d'une cellule. Pour accomplir pareil exploit, elle doit transporter une substance chimique à travers la membrane qui entoure la cellule. L'opsine emprunte un conducteur de type particulier dont le trajet vers l'intérieur décrit de curieux méandres. Ce cheminement sinueux du récepteur à travers la membrane ne doit rien au hasard – sa signature est caractéristique : elle est identique à une partie de certaines molécules que contiennent les bactéries. Cette ressemblance moléculaire particulièrement frappante laisse entrevoir une très ancienne propriété que partagent tous les animaux, et qui remonte aussi loin que l'histoire qui nous unit aux bactéries. D'une certaine façon, ce qui repose dans notre rétine et nous permet de voir, ce sont des fragments modifiés de bactéries anciennes.

On peut même retracer certains des grands événements de l'histoire de nos propres yeux en examinant les opsines de divers animaux. Considérons l'un des principaux faits de notre passé de primates : l'apparition d'une vision riche de couleurs. Rappelons qu'à l'instar de nos plus proches parents, les singes du Vieux Monde, nous percevons les couleurs de façon très détaillée, grâce à des photorécepteurs de trois types, chacun étant sensible à un genre de lumière différent. La plupart des autres mammifères n'en comptent que deux, ce qui les rend incapables de distinguer autant de couleurs que nous. L'observation des gènes qui codent ces récepteurs nous permet de retracer l'origine de notre vision en couleurs. Les deux récepteurs communs à la plupart des mammifères proviennent de deux types de gènes. Or, des trois gènes qui fabriquent nos récepteurs, deux ressemblent remarquablement à l'un de ceux des autres mammifères. Ce qui signifierait que notre vision s'est dotée de la couleur lorsqu'un des gènes des autres mammifères s'est dupliqué, et que les deux versions se sont spécialisées au fil du temps pour différentes sources de lumière. On s'en souvient, un cas similaire s'est produit pour les gènes des récepteurs olfactifs.

Il se peut que l'apparition de la couleur soit due à des bouleversements de la flore terrestre survenus voilà des millions d'années. Commençons par nous demander à quoi pouvait bien servir cette nouvelle aptitude à ce moment-là. Les singes qui peuplaient les arbres en ont peut-être acquis le bénéfice parce que cela leur permettait de choisir les plus nutritifs parmi de nombreux types de fruits et de feuilles. L'étude des autres primates dotés de vision colorée nous apprend que l'apparition de notre propre sensibilité aux couleurs date d'environ 55 millions d'années. Or les fossiles témoignent à cette époque de profonds changements dans la composition des forêts, qui jusqu'alors regorgeaient surtout de figues et de palmes, fort savoureuses, mais de teinte voisine. Ces forêts se sont dotées d'une bien plus grande diversité de plantes, avec sans doute beaucoup de nouvelles couleurs. Il y a fort à parier que l'apparition de la couleur a correspondu à la transition d'une forêt monochrome à une forêt garnie d'aliments aux couleurs plus variées.

Les tissus

Les yeux des animaux se répartissent en deux catégories : il y a ceux des invertébrés, et ceux des vertébrés, comme les poissons et les humains. C'est qu'il existe en fait deux façons d'accroître la surface de la zone réceptrice de lumière dans le tissu oculaire. Chez les invertébrés, comme la mouche ou le ver, c'est par la présence d'innombrables replis, alors que, chez nous, c'est par celle de nombreuses projections minuscules émergeant du tissu, comme de petits poils. N'était-ce pour les fossiles correspondant à cette période précise de l'histoire, on aurait cru ne jamais devoir établir de lien entre nos yeux et ceux des invertébrés. Mais, en 2001, Detlev Arendt a eu l'idée d'étudier ceux d'un petit ver très primaire.

Le polychète compte parmi les vers les plus élémentaires aujourd'hui vivants. Son schéma corporel segmentaire est très simple, et il possède deux types d'organes sensibles à la lumière : un œil et, enfoui sous la peau, une fraction du système nerveux spécialiste de la collecte de lumière. Arendt s'est attelé à disséquer ces animaux, tant sur le plan physique que génétique. Connaissant la séquence des gènes codant nos opsines et la structure de nos neurones capteurs de lumière, il disposait d'un point de référence pour l'étude du polychète. Il a constaté que ce dernier possédait certains éléments des photorécepteurs des deux types d'animaux. Son œil « normal » était fait de neurones et d'opsines semblables à ceux de tous les invertébrés. Mais il en allait très différemment des minuscules photorécepteurs situés sous sa peau. Là, on trouvait des opsines et une structure cellulaire de « vertébré », et même les petites projections ressemblant à des poils, quoique sous une forme primaire. Arendt avait mis le doigt sur une passerelle vivante, un animal doté des deux types d'yeux, dont l'un – le nôtre – sous une forme très primaire. L'observation de ces invertébrés primaires nous enseigne donc que les différents types d'yeux qu'on trouve chez les animaux possèdent des éléments communs.

Les gènes

La découverte d'Arendt soulève une nouvelle question. Que les yeux possèdent des éléments communs, soit, mais comment des yeux d'aspect si différent – comme ceux du ver, de la mouche et de la souris – peuvent-ils entretenir si proche parenté ? Pour mieux le comprendre, attardons-nous quelque peu sur la recette génétique de l'élaboration des yeux.

Au tournant du XXe siècle, Mildred Hodge s'occupait à relever des mutations chez les mouches drosophiles lorsqu'elle est tombée sur une mouche totalement dépourvue d'yeux. Cette mutante n'était pas un cas isolé, et Hodge a constaté qu'elle pouvait donner naissance à toute une descendance de mouches de ce type, qu'elle a nommées *Eyeless*, « sans yeux ». Le même type de mutation a ensuite été découvert chez la souris. Certaines de ces mutantes possédaient des yeux trop petits, d'autres étaient privées de portions entières de la tête et du visage, dont les yeux. Ce mal est connu chez l'homme, c'est l'aniridie, dont les victimes sont privées d'importants éléments oculaires. Les généticiens étaient donc en train de trouver chez des créatures extrêmement différentes – la mouche, la souris et l'homme – des mutations similaires.

Au début des années 1990, un grand pas a été accompli dès que les laboratoires ont adopté de nouvelles techniques moléculaires pour mieux comprendre la façon dont ces mutations affectent le développement de l'œil. Le séquençage des gènes leur a permis de localiser les fragments d'ADN qui en sont à l'origine. Il s'est alors avéré que, chez la mouche, la souris et l'humain, les gènes responsables de ces malformations présentaient une structure et une séquence d'ADN identiques. De façon très concrète, il s'agit du même gène.

Quel enseignement en a-t-on tiré ? Les chercheurs avaient identifié un seul et même gène qui, en cas de mutation, produit des êtres dotés d'yeux trop petits ou inexistants. Cela signifiait forcément qu'à l'état normal ce gène était un intervenant majeur dans la formation des yeux. On était désormais en mesure de produire des expériences visant à répondre à une question très différente. Qu'advient-il si l'on trafique ce gène en l'activant ou le désactivant au mauvais endroit ?

Pour cette expérience, la mouche était le sujet idéal. C'est d'ailleurs en grande mesure grâce aux travaux sur la mouche que les années 1980 ont vu l'émergence d'outils génétiques extrêmement efficaces. Il suffisait d'identifier un gène, ou une séquence d'ADN, pour en priver une mouche ou, au contraire, pour fabriquer une mouche dotée de ce gène actif au mauvais endroit.

C'est avec ces outils que Walter Gehring s'est lancé dans l'expérimentation sur le gène Eyeless. Son équipe était capable de l'activer à peu près où elle le voulait : sur les antennes, les pattes, ou encore les ailes. Les chercheurs ont abouti à un constat étonnant : si l'on activait le gène Eyeless sur une antenne, un œil s'y développait. Si c'était sur une partie du corps, la même chose se produisait. Quel que soit le lieu où l'on activait ce gène, un œil y poussait. Le comble, c'est que certains de ces yeux mal placés montraient même un début d'aptitude à réagir à la lumière. Gehring avait mis le doigt sur l'un des principaux responsables de la fabrication des yeux.

Mais il ne s'en est pas tenu à cela. Il a ensuite procédé à l'échange de gènes entre espèces. On a donc prélevé chez la souris le gène *Pax6*, équivalent du gène Eyeless de la mouche, et on l'a activé chez cette dernière. Le gène de souris a bien donné naissance à un œil, mais pas n'importe lequel – c'était un œil de mouche. L'équipe de Gehring avait ainsi découvert qu'on pouvait utiliser le gène de la *souris* pour déclencher la formation d'un œil surnuméraire de *mouche* n'importe où chez cette dernière : dans le dos, sur une aile, à côté de la bouche. Gehring avait donc trouvé un déclencheur déterminant du développement oculaire quasiment identique chez la souris et la mouche. Ce gène, Pax6, déclenche une cascade d'activité génique complexe aboutissant à l'apparition d'un œil de mouche supplémentaire.

On sait aujourd'hui que l'Eyeless, ou le Pax6, dirige le développement des yeux chez tout ce qui en possède. Ces yeux ont beau ne pas se ressembler – certains sont pourvus d'un cristallin, d'autres pas, certains sont composés, d'autres simples –, les interrupteurs génétiques qui dirigent leur formation sont les mêmes.

Lorsqu'on se regarde au fond des yeux, foin du romantisme, de la création ou des fenêtres ouvertes sur l'âme ! Avec tant de molécules, de gènes et de tissus dérivés de microbes, de méduses, de vers et de mouches, c'est bien une ménagerie qu'il faut voir.

10

L'oreille

La première fois qu'on voit l'intérieur d'une oreille, il y a de quoi être déçu : l'essentiel de la mécanique est profondément enfoui dans le crâne, solidement enchâssé dans une paroi osseuse. Après ouverture du crâne et extraction du cerveau, percer cette paroi réclame un travail minutieux au burin. Si l'on est très doué, ou alors vraiment chanceux, il se peut qu'on porte précisément le coup requis et qu'on l'aperçoive – l'oreille interne. Elle ressemble aux minuscules coquilles d'escargot qu'on ramasse parfois dans la terre du jardin.

Elle ne paie pas de mine, mais l'oreille est une merveilleuse mécanique à la Rube Goldberg. Les ondes sonores s'engouffrent d'abord dans la feuille de peau apparente, l'oreille externe. Elles pénètrent ensuite l'oreille et font vibrer le tympan, qui est raccordé à trois osselets qui s'agitent avec lui. L'un de ces osselets est relié à la structure en coquille d'escargot par un genre de piston. Les vibrations de l'osselet font monter et descendre ce piston, ce qui remue un gel dont l'escargot est rempli. Les mouvements du gel alertent des nerfs, qui émettent un signal vers le cerveau, qui à son tour l'interprète en tant que son. La prochaine fois que vous assisterez à un concert, prenez le temps d'imaginer tout ce remue-ménage qui se produit dans votre tête.

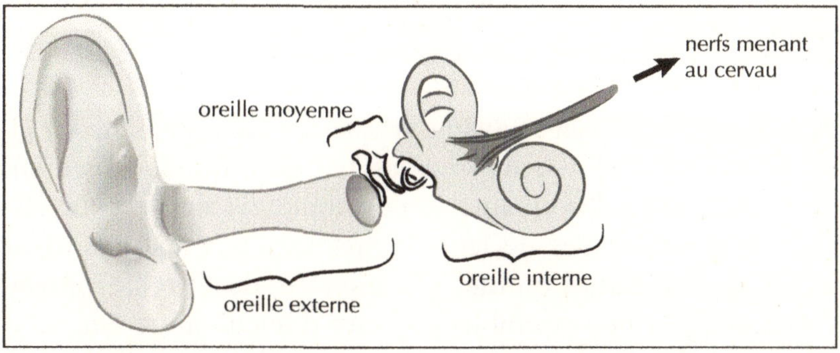

Des trois parties, externe, moyenne et interne, qui composent notre oreille, l'interne est la plus ancienne. C'est aussi celle qui contrôle les impulsions nerveuses émises vers le cerveau.

On distingue donc trois parties de l'oreille, l'externe, la moyenne et l'interne. L'oreille externe est ce que l'on voit du dehors. L'oreille moyenne comporte les osselets. Enfin, l'oreille interne abrite les nerfs, le gel et les tissus qui les entourent. Cette subdivision nous offre l'opportunité fort pratique de structurer notre propos.

Le pavillon, la feuille de peau apparente à laquelle on accroche ses lunettes, est un ajout relativement récent dans l'évolution de notre corps. Vous pourrez le constater lors de votre prochaine visite à l'aquarium ou au zoo. Combien de requins, de poissons osseux, de batraciens et de reptiles possèdent-ils une oreille externe ? On ne trouve de pavillon que chez les mammifères. Chez certains batraciens et reptiles, l'oreille externe est apparente, mais ne consiste souvent qu'en une membrane ressemblant au sommet d'un tambour ; ils ne possèdent pas de pavillon.

L'analyse de notre oreille laisse apparaître toute la beauté du lien qui nous unit au requin et aux poissons osseux. Évidemment, le requin n'a pas d'oreilles, alors l'endroit peut paraître insolite pour abriter un point commun entre lui et nous. Mais ce lien demeure. Commençons par les osselets.

L'oreille moyenne – Les trois osselets

Les mammifères sont vraiment uniques en leur genre, ne serait-ce que par leurs poils et leurs glandes laitières, qui les distinguent nettement du reste des vivants. On est toutefois souvent surpris de découvrir que certaines de leurs caractéristiques les plus distinctives se situent dans l'oreille. Les osselets de l'oreille moyenne des mammifères ne ressemblent à ceux d'aucun autre animal : ils sont au nombre de trois, contre deux pour les reptiles et un seul pour les batraciens. Quant aux poissons, ils n'en possèdent pas du tout. Mais d'où nous viennent-ils donc ?

Faisons un peu d'anatomie : rappelez-vous, ces trois osselets s'appellent le marteau, l'enclume et l'étrier. On l'a vu, chacun dérive des arcs branchiaux : l'étrier provient du deuxième, le marteau et l'enclume, du premier. C'est le point de départ de notre histoire.

En 1837, l'anatomiste allemand Karl Reichert cherchait à comprendre le processus de formation des crânes en observant des embryons de mammifères et de reptiles. Il a suivi le développement des arcs branchiaux chez diverses espèces, espérant découvrir leur point d'aboutissement dans leurs crânes respectifs. À force de comparaisons, il s'est heurté à un fait apparemment dépourvu de sens : deux des osselets de l'oreille des mammifères correspondaient chez les reptiles à des éléments de la mâchoire. Reichert en était abasourdi, et sa monographie témoigne de son excitation. La prose de son comparatif de l'oreille et de la mâchoire abandonne le style lourdement descriptif propre aux anatomistes du XIXe siècle pour faire place à la stupeur, voire à l'émerveillement, devant sa découverte. La conclusion était imparable : l'arc branchial qui constitue une partie de la mâchoire chez le reptile a donné les osselets chez les mammifères. Reichert émettait donc une idée qu'il peinait lui-même à croire – certaines parties de l'oreille des mammifères sont la même chose que les mâchoires des reptiles. L'histoire prend toute sa saveur quand on sait que cette découverte a eu lieu plusieurs décennies avant que Darwin n'émette son idée d'arbre généalogique du vivant. Quel sens pouvait-il y avoir, hors de toute notion d'évolution, à qualifier d'« identiques » des structures appartenant à deux espèces distinctes ?

Bien plus tard, en 1910 et 1912, un autre anatomiste allemand, Ernst Gaupp, a repris les travaux de Reichert et publié une étude très complète sur l'embryologie de l'oreille des mammifères. Outre qu'il y apportait davantage de détails, Gaupp replaçait à présent les travaux de Reichert dans une perspective évolutionniste. Voici ce qu'il disait : les trois osselets de l'oreille moyenne révèlent le lien existant entre reptiles et mammifères. L'osselet unique de l'oreille moyenne des reptiles équivaut à l'étrier chez les mammifères ; l'un et l'autre dérivent du deuxième arc branchial. Mais l'information explosive, c'était que les deux autres osselets de l'oreille moyenne des mammifères – le marteau et l'enclume – sont l'aboutissement de l'évolution d'os situés à l'arrière de la mâchoire reptilienne. Si la théorie était valide, on trouverait forcément dans le registre des fossiles, aux origines des mammifères, des os présentant une forme intermédiaire dans la transition de la mâchoire à l'oreille. Mais Gaupp ne travaillait que sur des animaux vivants, et n'avait pas pleinement conscience du soutien que les fossiles pourraient apporter à sa théorie.

Depuis les années 1840, on possédait pourtant un certain nombre de fossiles de créatures d'un nouveau genre provenant d'Afrique du Sud et de Russie, où l'on avait déterré les squelettes souvent très bien préservés de bêtes de la taille d'un chien. À mesure qu'on les découvrait, beaucoup de ces spécimens ont été mis dans des caisses et expédiés à l'illustre Richard Owen, de Londres, pour identification et analyse. Owen a été frappé par les traits panachés de ces animaux. Certaines parties de leur squelette tenaient du reptile, d'autres, notamment les dents, des mammifères. Et il ne s'agissait nullement de découvertes isolées, au contraire, ces « reptiles mammaliens » étaient abondamment représentés parmi les fossiles. Non seulement étaient-ils très communs, mais il y en avait de nombreuses sortes. Dans les années qui ont suivi, on a trouvé de ces animaux en d'autres points du globe et correspondant à différentes périodes de l'histoire terrestre. Leur somme composait dans le registre des fossiles une formidable série transitoire entre reptiles et mammifères.

Jusqu'en 1913, embryologues et paléontologues ont travaillé dans l'ignorance mutuelle. C'est alors que le paléontologue américain W. K. Gregory, de l'American Museum of Natural History, a remarqué une importante correspondance entre les embryons de Gaupp et les fossiles d'Afrique. Les plus reptiliens des reptiles mammaliens ne possédaient qu'un osselet dans l'oreille moyenne ; comme les reptiles, leur mâchoire était constituée de nombreux os. Mais à mesure que Gregory observait des reptiles de plus en plus mammaliens, une chose remarquable lui est apparue, qui aurait sans doute terrassé Reichert s'il avait vécu alors : l'évidente continuité selon laquelle, au fil du temps, les os de l'arrière de la mâchoire des reptiles ont rétréci, et rétréci encore, jusqu'à finir par reposer dans l'oreille moyenne des mammifères. Le marteau et l'enclume sont bel et bien l'évolution d'os de la mâchoire. Ce que Reichert et Gaupp avaient observé chez les embryons avait toujours figuré dans le registre des fossiles et ne demandait qu'à être vu.

Pourquoi les mammifères ont-ils eu besoin d'une oreille moyenne comportant trois osselets ? La disposition de ces derniers compose un système de levier qui rend les mammifères sensibles aux hautes fréquences que ne perçoivent pas les animaux dotés d'un seul osselet. L'origine des mammifères n'a pas seulement supposé de nouvelles formes de mastication, comme on l'a vu au chapitre 4, mais une nouvelle forme d'audition. En outre, cette transition ne s'est pas produite par l'ajout de nouveaux ossements, mais par la réaffectation d'os existants. Des os que les reptiles utilisaient à l'origine pour mâcher ont évolué chez les mammifères au profit de l'audition.

Voilà pour le marteau et l'enclume. Mais qu'en est-il de l'étrier ?

À la simple observation de l'humain adulte et du requin, on ne devinerait jamais que l'os minuscule enfoui dans l'oreille du premier est la même chose qu'une grosse équerre de la mâchoire supérieure du second. Pourtant, en termes de développement, il

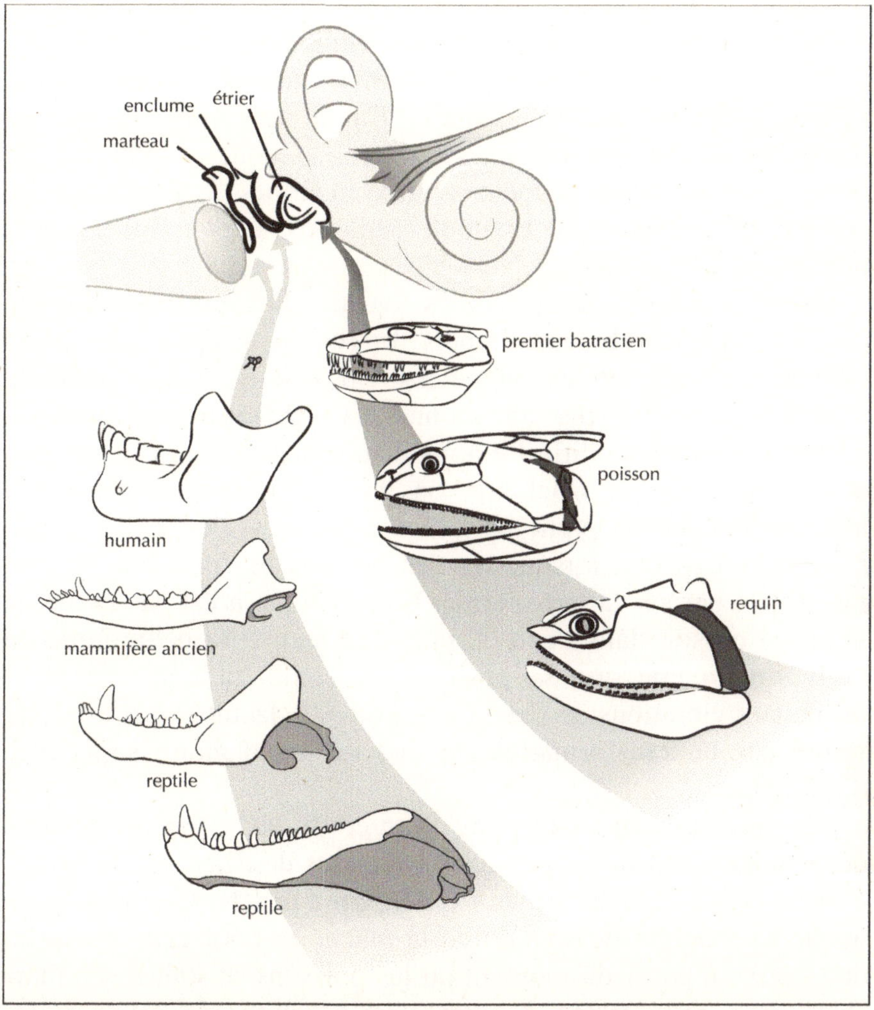

On peut retracer l'évolution des os depuis les arcs branchiaux jusqu'à nos oreilles, d'abord lors de la transition du poisson au batracien (droite), puis, plus tard, du reptile au mammifère (gauche).

s'agit bien du même os. L'étrier provient du deuxième arc, comme l'os correspondant chez le requin et le poisson, dit os hyomandibulaire. Mais ce dernier n'est pas un os de l'oreillc ; on s'en souvient, les poissons et les requins n'ont pas d'oreilles. Chez nos cousins aquatiques, cet os est une grosse fixation reliant la mâchoire supérieure à la boîte crânienne. Malgré leur apparente différence de forme et de fonction, la similarité entre l'hyomandibulaire et l'étrier s'étend jusqu'aux nerfs qui les desservent. Le nerf essentiel au fonctionnement de l'un et de l'autre est celui du deuxième arc, le nerf facial. Nous sommes donc en présence de deux os très différents, de même origine en termes de développement et dotés de schémas d'innervation similaires. Y a-t-il une explication à cela ?

Une fois encore, observons les fossiles. En remontant la piste de l'os hyomandibulaire depuis le requin jusqu'à des bêtes comme Tiktaalik et les batraciens, on voit qu'il n'a cessé de rétrécir, pour finir par abandonner la mâchoire supérieure et gagner le système auditif. Le nom change aussi. Lorsqu'il est gros et qu'il soutient la mâchoire, on parle d'os hyomandibulaire ; lorsqu'il est petit et participe à l'audition, c'est l'étrier. La transformation a eu lieu lorsque les descendants des poissons se sont mis à marcher sur la terre ferme. L'acoustique n'est pas la même selon qu'on soit dans l'eau ou hors de l'eau, et la petite taille de l'étrier de même que sa position lui confèrent une sensibilité idéale aux vibrations de l'air. Cette nouvelle faculté nous est donc venue par la transformation de l'os de la mâchoire supérieure d'un poisson.

Notre oreille moyenne porte la trace de deux transformations qui comptent parmi les grands événements de l'histoire de la vie. Il y a d'abord l'apparition de l'étrier, qui a progressivement abandonné sa fonction de soutien de la mâchoire pour celle d'osselet de l'oreille à partir du moment où les poissons se sont mis à marcher sur la terre ferme. L'autre s'est produite aux origines des mammifères, lorsque l'os situé au fond de la mâchoire des reptiles a donné lieu au marteau et à l'enclume.

Pénétrons à présent un peu plus avant, et gagnons l'oreille interne.

L'oreille interne – Gels mouvants et poils pliants

Franchissons l'oreille externe, avançons encore, passons le tympan et les trois osselets de l'oreille moyenne, nous voilà dans le crâne. Ici se trouve l'oreille interne – faite de conduits et de poches remplies de gel. Chez l'homme, comme chez les mammifères en général, ces conduits osseux présentent une forme en escargot, particulièrement frappante le jour où on la découvre au laboratoire d'anatomie.

L'oreille interne se subdivise en diverses parties dédiées à différentes fonctions. L'une sert à entendre, l'autre à nous dire de quel côté penche notre tête, et une troisième à enregistrer son degré d'accélération ou de décélération. Pour chacune de ces fonctions, l'oreille interne procède de façon à peu près semblable.

Les diverses parties de l'oreille interne sont garnies d'un gel, dans lequel baignent des projections en forme de cils qui émergent de cellules nerveuses spécialisées. À chaque mouvement du gel, ces cils se courbent, et les cellules nerveuses émettent une impulsion électrique vers le cerveau, qui l'enregistre en tant que son, position ou accélération.

Pour comprendre le mécanisme qui nous informe de la position de notre tête dans l'espace, imaginez une boule à neige de la tour Eiffel, faite de plastique et remplie de gel. Lorsqu'on la secoue, le gel remue et la « neige » balaie le monument. Imaginez à présent une boule à neige constituée d'une membrane flexible. Saisissez-la, inclinez-la, et c'est l'ensemble qui bascule, provoquant des mouvements dans le gel. C'est, à plus petite échelle, ce que contient notre oreille. Lorsque nous inclinons la tête, ce dispositif se met en action et déclenche la chaîne d'événements habituelle : le gel remue, les cils émergeant des nerfs se courbent, et des impulsions sont envoyées au cerveau.

Chez nous, l'ensemble du dispositif est affiné par la présence de cailloux minuscules au sommet de la membrane. Lorsque nous inclinons la tête, ils accentuent la pression sur la membrane, ce qui

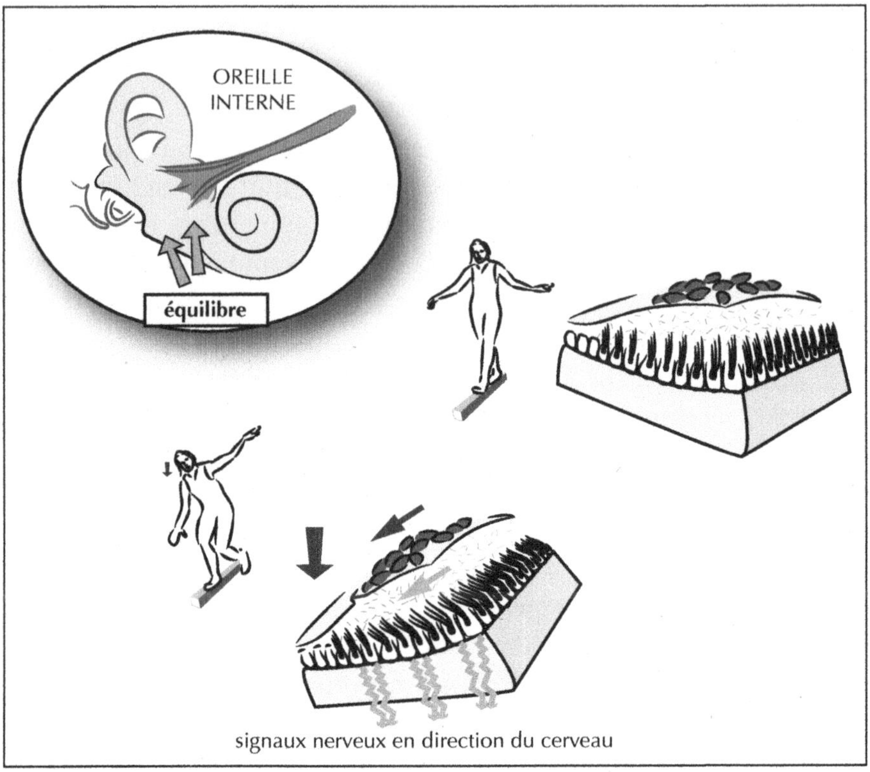

Chaque fois qu'on incline la tête, les cailloux minuscules qui reposent sur les poches emplies de fluide se déplacent. Ce faisant, ils courbent les terminaisons nerveuses à l'intérieur des poches et provoquent l'émission d'une impulsion vers notre cerveau qui signifie : « ta tête est penchée ».

remue aussi le gel. Le système y gagne en sensibilité, au point de distinguer le moindre changement de position. Chaque fois que vous penchez la tête, de petits cailloux se déplacent dans votre crâne.

On imagine sans peine combien la vie dans l'espace serait difficile. Nos senseurs sont adaptés à l'attraction terrestre, pas à l'apesanteur d'une capsule spatiale. Si nous flottons dans le vide, entre nos yeux enregistrant leur propre version du haut et du bas et nos capteurs de l'oreille interne totalement affolés, il y a de quoi se retourner le cœur. Cela a d'ailleurs été l'origine d'un réel mal de l'espace chez les astronautes.

Notre perception de l'accélération repose sur une troisième partie de l'oreille interne, liée aux deux précédentes. L'oreille humaine comporte trois conduits remplis de gel ; chaque fois que nous accélérons ou que nous nous arrêtons, ce gel se déplace, provoquant la courbure des cellules nerveuses, qui émettent une impulsion.

L'ensemble de ce système de perception de la position et de l'accélération est relié à nos muscles oculaires. Les mouvements des yeux dépendent de six petits muscles connectés aux parois

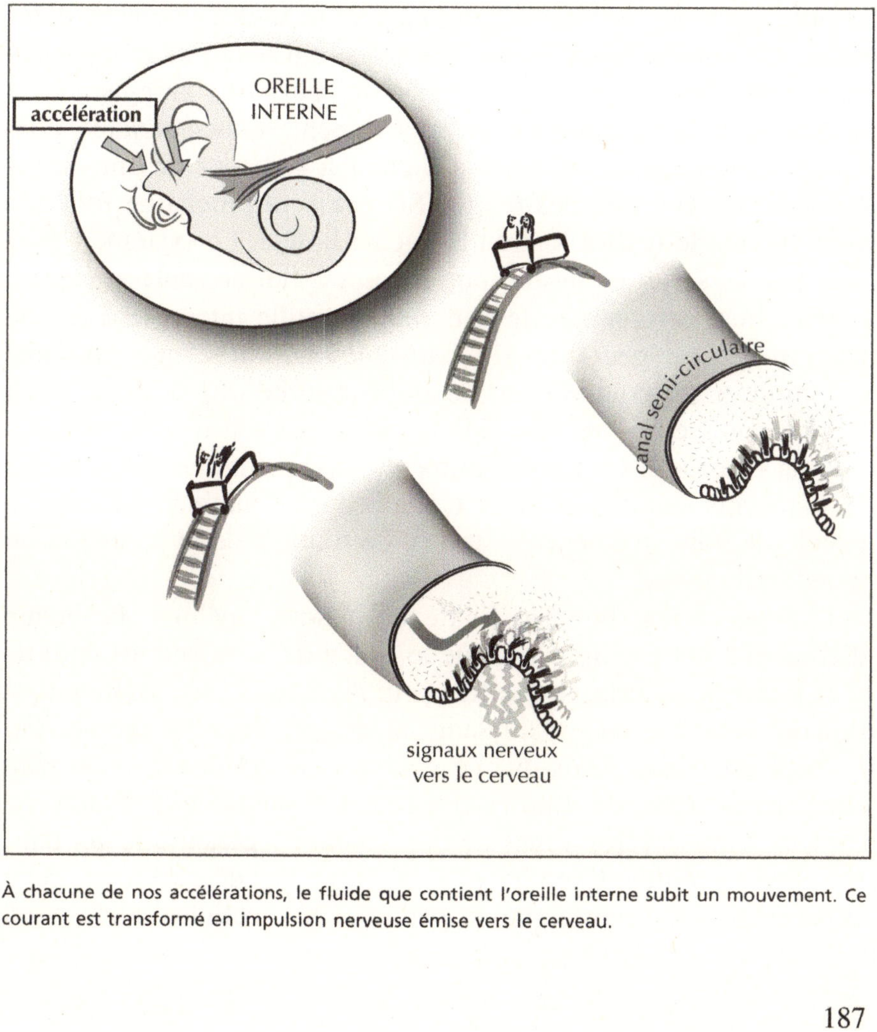

À chacune de nos accélérations, le fluide que contient l'oreille interne subit un mouvement. Ce courant est transformé en impulsion nerveuse émise vers le cerveau.

latérales du globe oculaire, qui, en se contractant orientent l'œil vers le haut, le bas, à gauche et à droite. Nous actionnons volontairement ces muscles chaque fois que nous portons le regard quelque part, mais certaines de leurs propriétés les plus fascinantes tiennent à ce qu'ils accomplissent malgré nous. Sans que nous ayons jamais à y songer, ils ne cessent d'orienter nos yeux.

Pour apprécier toute la finesse du mécanisme, inclinez la tête en avant et en arrière sans quitter la page des yeux. Maintenez votre regard tout en hochant la tête.

Que s'est-il produit ? Votre œil est resté fixé sur un point alors que votre tête bougeait. C'est un mouvement si ordinaire qu'il semble aller de soi, mais il est en réalité incroyablement complexe. Chacun des six muscles de chaque œil réagit au mouvement de la tête. Des senseurs, que je décrirai plus bas, enregistrent la direction et la vélocité de ce mouvement. Leurs signaux sont transportés jusqu'au cerveau, qui émet à son tour des messages ordonnant à vos muscles d'agir. Songez-y la prochaine fois que vous fixerez le regard tout en bougeant la tête. Le système a parfois des ratés, qui en disent long sur notre état de santé général.

Pour bien comprendre le lien entre l'oreille interne et l'œil, le plus simple est peut-être d'y faire entrave, chose que l'homme accomplit assez couramment lorsqu'il absorbe trop d'alcool et en vient à commettre des actes idiots parce que son inhibition générale est en baisse. Un excès vraiment conséquent donne le tournis. Et le tournis annonce souvent fatalement une matinée difficile, la gueule de bois, avec encore un peu de tournis, de la nausée et un grand mal de tête.

Lorsque nous buvons à l'excès, nous mêlons beaucoup d'éthanol à notre sang, alors que le fluide de nos conduits auditifs n'en contient à l'origine que très peu. Au bout d'un certain temps, l'alcool finit par passer du sang au gel de l'oreille interne. Or, l'alcool est moins épais que ce gel, et c'est comme si on versait de l'alcool dans de l'huile d'olive. De même que l'huile se déplace dans le verre à mesure que l'alcool y pénètre, le gel dans nos oreilles remue. Chez les plus intempérants d'entre nous, cette convection sème une véritable pagaille. Nos cellules ciliées sont stimulées, et notre cerveau croit que nous nous déplaçons, alors que ce n'est pas le cas ; nous sommes affalés dans un coin ou perchés sur un tabouret de bar. Notre cerveau s'est fait berner.

Le problème gagne aussi nos yeux. Parce qu'il croit qu'on est en train de tourner, le cerveau transmet l'information aux muscles oculaires. Les yeux s'orientent alors d'un côté (habituellement à droite). Soulevez les paupières d'une personne ivre morte, et vous constaterez probablement ce tic des yeux, c'est le nystagmus, que la police connaît bien puisqu'elle en vérifie la présence lorsqu'elle arrête un conducteur au comportement suspect.

La gueule de bois est une réaction légèrement différente. Au lendemain de la beuverie, le foie s'est admirablement acquitté de sa tâche en débarrassant le sang de l'alcool. Il l'a fait avec grande efficacité, d'ailleurs, parce que celui qui demeure encore dans le gel des conduits de l'oreille se met à regagner le sang, provoquant de nouveaux mouvements du gel : et revoilà le tournoiement. Observons à présent notre buveur de la veille, celui dont on avait constaté les mouvements oculaires. Pendant la gueule de bois, ses yeux risquent fort d'osciller à nouveau, mais dans l'autre direction.

Tout cela, nous le devons à la part d'histoire que nous partageons avec les requins et les poissons. S'il vous est arrivé d'essayer de pêcher la truite, vous avez forcément eu affaire à un organe qui est l'ancêtre probable de notre oreille interne. Les pêcheurs le savent bien, la truite ne se cantonne qu'à certaines parties d'un cours d'eau, en général celles où elles peuvent glaner le meilleur repas sans craindre de prédateurs. C'est souvent à l'ombre, et dans les remous du courant. Les meilleurs emplacements pour la pêche à la truite se situent derrière des branches d'arbre ou des rochers tombés à l'eau lors d'un éboulement. Comme tous les poissons, la truite est dotée d'un mécanisme lui permettant de ressentir le courant et le déplacement de l'eau autour d'elle, presque un sens du toucher.

À l'intérieur de la peau et des arêtes, alignées sur toute la longueur de la tête et du corps, se trouvent de petits organes parcourus de récepteurs sensoriels, qui reposent en menus paquets d'où émergent de petits cils baignant dans une poche remplie de gelée, le neuromaste. L'image de la boule à neige de la tour Eiffel peut à nouveau servir ici, car le neuromaste en est une, minuscule, avec des projections nerveuses à l'intérieur. Quand l'eau ruisselle autour du poisson, elle déforme cette petite poche, et courbe les cils raccordés au nerf. De façon fort similaire à notre système auditif, cet appareil renvoie alors un signal en retour au cerveau, amenant le poisson à éprouver le mouvement de l'eau. Requins et poissons savent distinguer le sens du courant, et certains requins peuvent même déceler les ondulations que produisent d'autres poissons nageant alentour. Nous avons testé notre propre version de ce dispositif en tournant la tête tout en conservant le regard fixe, et nous l'avons vu en état de dérèglement lorsque nous avons soulevé les paupières de notre fêtard excessif quelques lignes plus haut. Si l'ancêtre que nous partageons avec le requin et les poissons avait eu recours à un autre type de gel interne, un gel qui, par exemple, ne remue pas lorsque de l'alcool y pénètre, nous n'aurions jamais le tournis en cas d'ivresse.

On n'aurait pas totalement tort de considérer que l'oreille interne et le neuromaste sont deux variantes d'une même chose. L'une et l'autre proviennent du même type de tissus lors du développement, et possèdent une structure similaire. Mais lequel est apparu le premier : le neuromaste ou l'oreille interne ? Ici, les indices ne sont pas catégoriques. L'observation de certains des plus anciens fossiles dotés d'une tête, ceux de créatures datant d'il y a quelque 500 millions d'années, révèle la présence dans la carapace extérieure de petites fosses suggérant qu'elles étaient dotées de neuromastes. Malheureusement, nous ne savons pas grand-chose de l'oreille interne de ces bêtes, la préservation de cette région de la tête étant généralement mauvaise. En l'attente de nouveaux éléments, deux possibilités demeurent. Soit notre oreille interne descend du neuromaste, soit c'est l'inverse. Dans un cas comme dans l'autre, le scénario général reflète un principe que nous avons déjà rencontré ailleurs. Un organe originellement apparu pour une fonction donnée peut au fil du temps se voir réaffecté à de nombreux nouveaux usages.

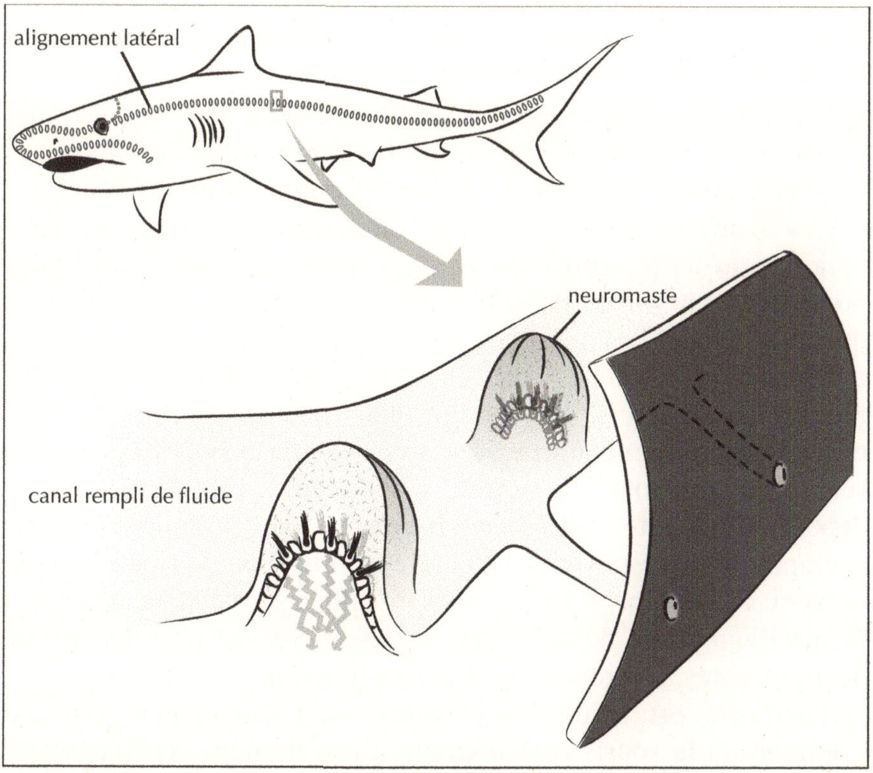

On trouve une version primaire d'une partie de notre oreille interne sous la peau des poissons. De petites poches – les neuromastes – jalonnent le pourtour du corps. En pliant sous la pression, elles transmettent au poisson les informations relatives aux fluctuations du courant.

Chez nous, l'oreille interne a subi une expansion. Comme chez d'autres mammifères, la partie consacrée à l'audition est immense et en colimaçon. Chez les animaux plus primaires, comme les batraciens ou les reptiles, l'oreille interne est simple et non enroulée. Il apparaît clairement que nos ancêtres mammifères se sont dotés d'un meilleur type d'audition. Il en va de même pour les structures perceptrices de l'accélération qui, chez nous, sont constituées de trois canaux parce que nous percevons l'espace en trois dimensions. Le plus ancien poisson connu doté de ces canaux, un poisson sans mâchoire semblable à la myxine, n'en possède qu'un seul. Plus tard, chez d'autres poissons primaires, on en trouve deux. Enfin, la plupart des poissons et des vertébrés modernes en comptent trois, comme nous.

On a vu que notre oreille interne possède une histoire, qui remonte aux premiers poissons. Plus fort : celle des neurones contenus dans le gel de notre oreille est encore plus ancienne.

Ces neurones, nommés cellules ciliées, possèdent des caractéristiques qu'on ne trouve chez aucun autre neurone. Grâce à des projections en forme de poils, consistant en un « cil » long et quelques courts, ces neurones observent une orientation fixe dans notre oreille interne, et dans le neuromaste des poissons. On a récemment recherché ces cellules chez d'autres espèces, pour en trouver non seulement chez les animaux dépourvus des organes sensoriels qui sont les nôtres, mais même chez des animaux dépourvus de tête. Elles sont présentes chez l'amphioxus, par exemple, que nous avons rencontré au chapitre 5 et qui ne possède ni oreilles ni yeux, ni tête ni crâne. C'est donc qu'avant même l'apparition de nos organes sensoriels, ces cellules ciliées, déjà présentes, remplissaient d'autres fonctions.

Tout cela est évidemment inscrit dans nos gènes. Lorsque l'homme ou la souris sont porteurs d'une mutation qui désactive un gène nommé *Pax2*, l'oreille interne subit une malformation. Pax2 est actif dans la région de l'oreille et il semble déclencher une série d'actions géniques en cascade conduisant au développement de l'oreille interne. Lorsqu'on recherche ce gène chez des animaux plus primaires, on constate qu'il est activé dans la tête et, tenez-vous bien, dans les neuromastes. L'ivrogne titubant et les organes du poisson sensibles à l'eau possèdent des gènes communs : encore le signe d'un passé partagé.

Les méduses et l'origine des yeux et des oreilles

À l'instar de Pax6, que nous avons évoqué plus haut à propos des yeux, Pax2 est un gène majeur de l'oreille, indispensable à son bon développement. De façon fort intéressante, un lien existe entre Pax2 et Pax6, qui suggère que les yeux et les oreilles pourraient posséder une histoire commune très ancienne.

C'est là qu'intervient la cuboméduse. Bien connue des nageurs australiens pour sa grande venimosité, cette méduse se distingue des autres parce qu'elle possède des yeux, plus d'une vingtaine. La plupart ne sont que de petits orifices répandus sur l'épiderme. D'autres sont étonnamment semblables aux nôtres, avec un genre de cornée, un cristallin et même une structure nerveuse comme la nôtre.

La méduse ne possède pas plus de Pax6 que de Pax2 : son apparition précède la leur. Mais les gènes de la cuboméduse nous révèlent une chose remarquable. Le gène qui donne lieu à ses yeux n'est pas Pax6, comme on aurait pu le supposer, mais un genre de mosaïque présentant une structure *combinant* Pax6 et Pax2. Autrement dit, un gène qui ressemble à une version primaire du Pax2 et du Pax6 des autres animaux.

Les gènes majeurs du développement de nos yeux et de nos oreilles correspondent à un gène unique chez des créatures plus primaires, comme la méduse. Et alors ? demanderez-vous. Ce lien très ancien entre les gènes de l'œil et de l'oreille rend bien compte de ce qu'on observe aujourd'hui dans tous les hôpitaux et cliniques : un certain nombre de malformations de naissance chez l'homme affectent *à la fois* les yeux et l'oreille interne. C'est un signe de notre lien profond avec des animaux aussi primaires que la redoutable cuboméduse.

11

Le sens de tout ça

Le zoo qui est en vous

Ma première incursion professionnelle dans l'univers académique s'est produite au début des années 1980, quand je me suis porté volontaire auprès du musée américain d'Histoire naturelle de la ville de New York. Outre l'excitation que me procurait le fait d'œuvrer dans les coulisses parmi les collections du musée, les souvenirs les plus marquants me viennent de séminaires hebdomadaires particulièrement tapageurs. Chaque semaine, un orateur venait présenter quelque étude ésotérique d'histoire naturelle. Après l'exposé, souvent relativement sommaire, l'auditoire reprenait le discours point par point. C'était impitoyable. Cela tournait parfois au festin cannibale, l'orateur invité occupant évidemment la marmite. On en venait régulièrement aux cris, avec toute l'emphase et la pantomime d'un vieux film muet, poings brandis et pieds tapant le sol.

J'étais là, dans le saint des saints de l'Académie, pour assister à des séminaires de taxonomie. La taxonomie, vous savez, c'est cette science qui s'occupe de nommer les espèces et de les répartir dans le grand tableau de la classification que nous avons tous appris en cours de sciences naturelles. Je ne saurais imaginer sujet moins incident sur la vie de tous les jours, et moins susceptible de conduire d'éminents savants confirmés au bord de l'apoplexie et à renoncer à une bonne part de leur dignité. Rien ne me paraissait plus opportun que le commandement « Vis ta vie ! ».

Le plus drôle, c'est que je comprends aujourd'hui ce qui les échauffait à ce point. Je ne le percevais pas alors, mais leur dispute portait sur l'une des notions les plus importantes qui soient en biologie. S'il ne semble pas y avoir de quoi fouetter un chat, cette notion est au fondement de notre comparaison des différents êtres vivants – de l'homme avec le poisson, du poisson avec le ver, ou de quoi que ce soit avec quoi que ce soit d'autre. C'est en cherchant à répondre à ces questions que nous avons développé les techniques qui nous permettent aujourd'hui de retracer notre arbre généalogique personnel, d'identifier un criminel au moyen de l'ADN, de comprendre ce qui a rendu dangereux le virus du sida et même de suivre le parcours des épidémies de grippe dans le monde. Cette notion, que j'entends maintenant aborder, sous-tend l'essentiel de la logique du présent ouvrage. Une fois qu'on l'a perçue, on comprend ce que signifie la présence en nous de poissons, de vers et de bactéries.

L'articulation d'idées vraiment géniales des lois de la nature commence par les présupposés simples que nous observons chaque jour. Malgré leur simplicité au départ, ces idées en viennent à expliquer des choses vraiment énormes, comme le mouvement des étoiles ou l'effet du temps. Dans cet esprit, je puis partager avec vous une loi bien réelle sur laquelle nous serons tous d'accord. Elle est si profonde que chacun de nous la tient quasiment pour entendue. C'est pourtant le point de départ de tout ce qui se fait en paléontologie, en biologie du développement et en génétique.

Cette loi biologique « du tout », c'est que toute chose habitant la planète a eu des parents.

Tous les gens que vous connaissez ont eu des parents biologiques, tout comme chaque oiseau, salamandre ou requin que vous avez jamais croisé. La technologie pourrait bien finir par changer ça, grâce au clonage ou à une méthode restant à inventer, mais la loi a tenu jusqu'ici. Exprimons-la de façon plus précise : toute chose vivante a jailli d'informations génétiques parentales. Cette formulation définit la parenté de façon à englober le mécanisme biologique même de l'hérédité, nous permettant de l'appliquer à des êtres tels que les bactéries, qui ne se reproduisent pas comme nous.

Cette loi trouve toute sa force dans son corollaire, que voici, dans toute sa splendeur : nous sommes tous la descendance modifiée de nos parents, ou de l'information génétique parentale. Je descends de ma mère et mon père, mais ne suis pas identique à eux. Mes parents sont eux-mêmes les descendants modifiés de leurs propres parents. Et ainsi de suite. Ce schéma dit de « descendance avec modifications » détermine notre lignage, au point qu'il suffit pour le reconstituer de prélever des échantillons sanguins des individus.

Imaginez que vous vous trouviez au milieu d'une pièce pleine d'inconnus, avec une mission toute simple : deviner le degré de proximité qui vous lie à chacun. Comment distinguer vos cousins lointains de vos cousins encore plus lointains, ou parmi vos arrière-grands-oncles au soixante-quinzième degré ?

Pour remplir votre mission, il serait pratique d'avoir connaissance d'un mécanisme biologique susceptible de vous orienter et d'éprouver la validité de vos hypothèses généalogiques. Ce mécanisme peut apparaître à partir d'un peu de réflexion sur la loi de la descendance avec modifications. Pour décoder le passé biologique, il est essentiel de bien comprendre le fonctionnement de cette loi, parce qu'elle laisse une signature que nous savons déceler.

Considérons un couple hypothétique qui n'a rien de clownesque, et fait des enfants. L'un de leurs fils naît porteur d'une mutation génétique qui lui vaut un nez de caoutchouc rouge qui couine. Ce fils grandit, et finit par épouser une heureuse jeune femme. Il transmet son nez mutant à tous ses enfants, qui sont donc dotés du nez rouge de caoutchouc couineur de leur père. Supposons à présent que l'un de ces enfants porte une mutation

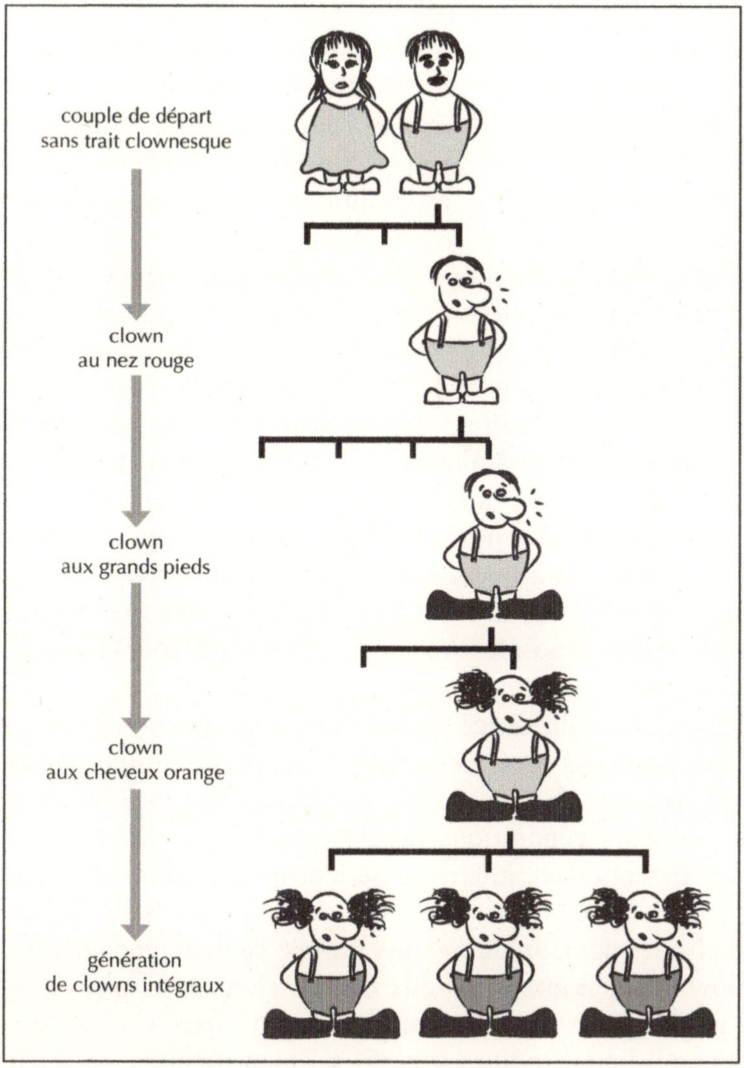

Arbre généalogique de notre famille de clowns.

qui le pourvoit d'immenses pieds. Il transmet à son tour cette mutation à la génération suivante, et tous ses enfants sont comme lui porteurs d'un gros nez rouge couineur et de pieds démesurés. Avançons d'une génération. Imaginons que l'un de ces enfants, l'arrière-petit-fils de notre couple de départ, présente une nouvelle mutation : des cheveux bouclés orange. À la génération *suivante*, tous ses enfants auront des cheveux bouclés orange, un nez de caoutchouc couineur et des pieds immenses. Et c'est donc face à l'arrière-arrière-petit-fils de notre infortuné couple de départ que vous vous demanderez : « Mais qu'est-ce que c'est que ce clown intégral ? »

Cet exemple illustre un point d'extrême importance. La descendance avec modifications compose un arbre généalogique, ou lignage, identifiable à ses caractères. Il possède une signature immédiatement reconnaissable. Comme un jeu de poupées gigognes, notre lignage hypothétique est constitué de sous-groupes parmi des groupes, reconnaissables à leurs traits uniques. Le groupe des « clowns intégraux », les arrière-arrière-petits-enfants, descend d'un individu qui ne possédait que le nez rouge et les grands pieds. Cet individu appartenait lui-même à un groupe de « proto-clowns » descendants d'un individu doté du seul nez rouge couineur. Ce « pré-proto-clown » descendait d'un couple qui n'avait rien de clowns.

La logique de la descendance avec modifications vous aurait aisément permis d'imaginer l'hypothèse de la famille des clowns sans que je vous en aie soufflé mot. Dans une pièce où se trouveraient plusieurs générations de clowns, vous auriez constaté que tous les parents des clowns possèdent un nez couineur. Que certains parmi ceux-là possèdent en plus de grands pieds. Et que, parmi ces derniers, un autre sous-groupe se distingue encore, celui des clowns intégraux. C'est aux traits – cheveux orange, nez couineur, grands pieds – qu'on distingue les groupes. Ce sont les traits qui tiennent lieu d'indices servant à l'identification des différents groupes, en l'occurrence des générations de clowns.

Remplacez ces traits grotesques par d'autres, bien réels – les mutations génétiques et les changements corporels qu'elles induisent –, et vous avez un lignage identifiable à ses traits biologiques. Si la descendance avec modification fonctionne réellement ainsi, nos arbres généalogiques comportent forcément dans leur structure même une signature. C'est tellement vrai qu'on peut reconstituer un arbre généalogique à partir des seules données génétiques, comme le démontrent sans cesse un certain nombre de programmes généalogiques actuellement en cours. Le monde réel est évidemment plus complexe que notre petit exemple. La reconstitution d'un arbre généalogique peut s'avérer très difficile si certains traits resurgissent à de nombreuses reprises différentes dans la famille, si le lien entre un trait et les gènes qui en sont la cause n'est pas direct, ou si les traits n'ont pas de fondement génétique mais surviennent à la suite d'une modification du régime alimentaire ou du milieu environnant. Mais on parvient le plus souvent à identifier le schéma de descente avec modifications malgré ces complications, un peu comme quand on filtre le bruit d'un signal radiophonique.

Mais jusqu'où remonte notre lignage ? Celui de nos clowns s'arrête-t-il au couple peu clownesque ? Celui de ma famille au premier Shubin ? Ce serait quand même fort arbitraire. Faut-il que je m'arrête aux juifs d'Ukraine ou aux Italiens du Nord ? Et les premiers hommes, alors ? Faudrait-il remonter jusqu'à la vase dans les mares d'il y a 3,8 milliards d'années, ou plus loin encore ? Chacun s'entend pour faire remonter son ascendance jusqu'à un point donné, mais lequel ?

Si notre lignage remonte jusqu'à la vase des mares, selon notre loi biologique, donc, il doit être possible de récolter des indices et d'établir des prédictions précises. On doit pouvoir retrouver la signature de descendance avec modifications que nous avons vu chez nos clowns dans l'ensemble de la vie sur Terre, qui n'aurait plus rien d'un assortiment aléatoire. D'ailleurs, la disposition de nos archives géologiques ne devrait pas être aléatoire non plus. Les ajouts récents devraient apparaître dans les couches sédimentaires relativement jeunes. De même que, par rapport à mon grand-père, je suis un nouveau venu dans mon arbre familial, l'arbre généalogique du vivant doit aussi compter ses nouveaux arrivants au fil du temps.

Pour voir comment les biologistes retracent concrètement notre parenté avec d'autres créatures, quittons le cirque et revenons au zoo que nous avons visité au premier chapitre.

Promenade (plus longue) au zoo

On l'a vu, notre corps n'est pas assemblé au hasard. Je prête ici au terme « hasard » un sens très précis ; il signifie que la composition de notre corps n'est certainement pas due au hasard par rapport aux autres animaux qui marchent, volent, nagent ou rampent sur cette Terre. Certains partagent des éléments de notre constitution, d'autres pas. Il existe un ordre dans ce que nous partageons avec le reste du monde. Nous avons deux yeux, une tête, une paire de bras et une autre de jambes. Et pas sept jambes ou deux têtes. Pas plus que de roues.

Une promenade au zoo montre immédiatement ce qui nous lie au reste du vivant. En fait, elle révèle qu'on peut classer une bonne partie de tout ce qui vit comme nous l'avons fait avec les clowns. Considérons trois animaux, à commencer par l'ours polaire. La liste est longue des traits que nous partageons avec l'ours polaire : les poils, les glandes mammaires, quatre membres, un cou, deux yeux, et beaucoup d'autres encore. Voyons à présent la tortue. Des ressemblances demeurent incontestablement, mais la liste est plus courte. Comme nous, elle possède bien quatre membres, un cou, deux yeux (entre autres). Mais, contrairement à nous et à l'ours polaire, elle n'a pas de glandes mammaires. La carapace, par contre, voilà qui paraît propre à la tortue. Comme l'est la fourrure blanche à l'ours polaire. Passons maintenant aux poissons d'Afrique. Ils nous ressemblent certes encore un peu, mais la liste des points communs est encore moins longue que celle des tortues. Comme nous, les poissons ont deux yeux, comme nous, ils ont des appendices, mais ces quatre appendices-là sont des nageoires, pas des bras et des jambes. Parmi bien d'autres différences, les poissons sont aussi dépourvus des poils et des glandes mammaires que nous partageons avec l'ours polaire.

On se rapproche du schéma des poupées gigognes avec ses groupes, ses sous-groupes et ses sous-sous-groupes évoqués dans l'exemple des clowns. Poissons, tortues, ours polaires et humains, nous partageons tous certains traits – une tête, deux yeux, deux oreilles, etc. Les tortues, les ours polaires et les humains possèdent tous ces traits, mais aussi un cou, des bras, des jambes qu'on ne trouve pas chez le poisson. L'ours polaire et l'homme constituent un groupe encore plus restreint, dont les membres possèdent l'ensemble de ces traits, plus les poils et les glandes mammaires.

L'exemple des clowns nous fournit un moyen de donner du sens à notre promenade au zoo. Chez les clowns, le schéma des groupes témoignait de la descendance avec modifications. Il en découlait que les enfants clowns intégraux partageaient entre eux un parent plus récent qu'avec les enfants seulement dotés du nez couineur. C'est logique : le père des enfants au nez couineur est l'arrière-arrière-grand-père des clowns intégraux. Si l'on applique la même logique aux groupes rencontrés au zoo, cela signifierait que nous partageons avec l'ours polaire un ancêtre plus récent qu'ils ne le font avec les tortues. Tel est bien le cas : le premier mammifère est nettement plus récent que le premier reptile.

Il est ici essentiel de bien comprendre ce que je *n'ai pas dit*. La tortue n'est pas l'ancêtre de l'ours polaire et de l'homme. Je me contente de décrire leur lien familial ou, en termes biologiques plus précis, leur schéma de parenté. La question prête souvent à confusion. Combien de fois vous a-t-il été donné de lire qu'on avait découvert l'ancêtre de telle ou telle espèce ? Prenons le cas de Tiktaalik, par exemple. C'est un magnifique intermédiaire entre les poissons et leurs descendants terrestres, mais les chances qu'il s'agisse de notre ancêtre spécifique sont très minces. Ce serait plutôt un cousin de notre ancêtre. Un paléontologue sain d'esprit ne dira jamais qu'il a découvert « l'Ancêtre ». Qu'on y songe : quelles seraient mes chances de tomber justement sur un de mes ancêtres en déambulant dans un cimetière choisi au hasard sur la planète ? De plus en plus minces au fil du temps. En revanche, je découvrirais que tous les gens enterrés dans ce cimetière – fût-il en Chine, au Botswana ou en Italie – présentent différents degrés de parenté avec moi. Je peux m'en assurer en examinant leur ADN à l'aide de bon nombre des techniques aujourd'hui employées par la médecine légale. Je constaterais que certains des pensionnaires du cimetière me sont très lointains, d'autres moins. Cet arbre constituerait un bel aperçu de mon passé et de l'histoire de ma famille. Il serait aussi très utile pour comprendre, par exemple, ma prédisposition à certaines maladies et d'autres faits concernant ma biologie personnelle. Tout cela demeure vrai lorsqu'on le transpose aux relations entre espèces.

La force réelle des arbres généalogiques réside dans les prédictions qu'ils nous permettent d'établir. Et notamment celle qui veut que lorsqu'on identifie d'autres caractéristiques communes, celles-ci soient cohérentes avec le cadre général. C'est-à-dire qu'à mesure que je distingue des traits dans les cellules, l'ADN et toutes les autres structures, tissus et molécules du corps de ces animaux, ils doivent correspondre aux groupes que nous avons identifiés lors de notre promenade. Inversement, on peut démontrer l'inexactitude de nos regroupements en trouvant des traits qui n'y correspondent pas. C'est-à-dire que s'il existait de nombreux traits partagés par les poissons et les humains qu'on ne trouve pas chez l'ours polaire, c'est que notre cadre général serait erroné, qu'il demanderait a être revu ou abandonné. Lorsque les indices sont ambigus, on applique un certain nombre d'outils statistiques permettant d'évaluer la qualité des caractéristiques appuyant notre configuration de l'arbre généalogique. En cas d'ambiguïté, cette configuration généalogique est retenue comme simple hypothèse de travail en l'attente d'éléments concluant dans un sens ou dans l'autre. Les cas sont nombreux, toutefois, où les indices sont assez solides pour que les statistiques n'aient rien à y ajouter.

Certains groupes sont si forts qu'on tient à toutes fins utiles leur existence pour un fait. La répartition poisson-tortue-ours polaire-humains, par exemple, est étayée par les caractéristiques de centaines de gènes et de la quasi-totalité des traits anatomiques, physiologiques et de biologie cellulaire de ces animaux. Notre représentation générale des liens entre le poisson et l'homme compte tant de confirmations qu'on ne cherche plus à en ramasser de preuves – ce serait comme laisser choir une balle cinquante fois pour tester la théorie de la gravitation : les chances de voir la balle monter en l'air à la cinquante et unième équivaudraient à celles de trouver des preuves solides infirmant ces liens de parenté.

Nous voilà à présent prêts à revenir au défi qui ouvrait ce livre. Comment retracer avec certitude le lien entre des animaux morts de longue date et les corps et les gènes d'autres plus récents ? On recherche la signature de la descendance avec modifications, on y ajoute des traits, on évalue la qualité des indices et si nos groupes sont bien représentés dans le registre des fossiles. Le plus incroyable, c'est qu'on dispose aujourd'hui d'outils permettant de vérifier la validité de cette hiérarchie, à l'aide d'ordinateurs et de gros laboratoires de séquençage qui accomplissent les mêmes analyses que celles de notre promenade au zoo. Plus que jamais, nous avons les moyens d'apprécier la place qu'occupe notre corps dans le monde naturel.

Du premier au dixième chapitre de ce livre, nous avons observé de profondes similitudes entre animaux vivants ou éteints depuis longtemps – anciens lombrics, éponges actuelles, et diverses sortes de poissons. À présent, forts de notre connaissance du schéma de la descendance avec modifications, nous pouvons commencer à tirer du sens de tout cela. Assez de cirques et de zoos ; à l'essentiel !

Le zoo qui est en nous

On l'a vu, notre corps présente des liens conduisant à toute une ménagerie d'animaux. Il comporte des éléments ressemblant à ceux de la méduse, d'autres à ceux des vers, ou encore à ceux des poissons. Ces similitudes ne doivent rien au hasard. Certaines des parties qui nous composent sont communes à tous les animaux ; d'autres nous sont propres. L'idée que tous ces traits répondent à un agencement, un ordre, est porteuse d'une grande beauté. Des centaines de caractéristiques de l'ADN, d'innombrables traits anatomiques et du développement – tout cela suit la même logique que les clowns que nous avons vus précédemment.

Considérons certains des traits évoqués plus haut, et voyons comment ils sont agencés.

Ce que nous partageons avec tous les animaux de la planète, c'est un corps composé de *nombreuses cellules*. Attribuons à ce groupe l'appellation de vie multicellulaire. Cette multicellularité est commune à tout, de l'éponge au placozoaire, en passant par la méduse et le chimpanzé.

Parmi ces animaux multicellulaires, un sous-groupe possède un *schéma corporel semblable au nôtre*, avec un avant et un arrière, un dessus et un dessous, une gauche et une droite. Les taxonomistes parlent de bilatériens (littéralement, « animaux bilatéralement symétriques »), ce qui désigne tous les animaux allant de l'insecte à l'homme.

Une fraction de ces animaux multicellulaires composés d'un schéma corporel semblable au nôtre, avec un avant et un arrière, un dessous et un dessus, une gauche et une droite, possède aussi un *crâne* et une *colonne vertébrale*. Appelons ces animaux les vertébrés.

Une partie de ces bêtes multicellulaires dotées d'un schéma corporel semblable au nôtre, avec un avant et un arrière, un dessous et un dessus, une gauche et une droite, un crâne et une colonne vertébrale, est également pourvue de *mains et de pieds*. Appelons ces vertébrés les tétrapodes (animaux à quatre membres).

Certains de ces animaux multicellulaires présentant un schéma corporel semblable au nôtre, avec un avant et un arrière, un dessous et un dessus, une gauche et une droite, un crâne et une colonne vertébrale, des mains et des pieds, comptent *trois osselets dans l'oreille moyenne*. Appelons ces tétrapodes les mammifères.

Un sous-groupe de ces animaux multicellulaires présentant un schéma corporel semblable au nôtre, avec un avant et un arrière, un dessous et un dessus, une gauche et une droite, un crâne et une colonne vertébrale, des mains et des pieds, et trois osselets dans l'oreille moyenne, possède en outre une démarche de bipède et un immense cerveau. Appelons ces mammifères des gens.

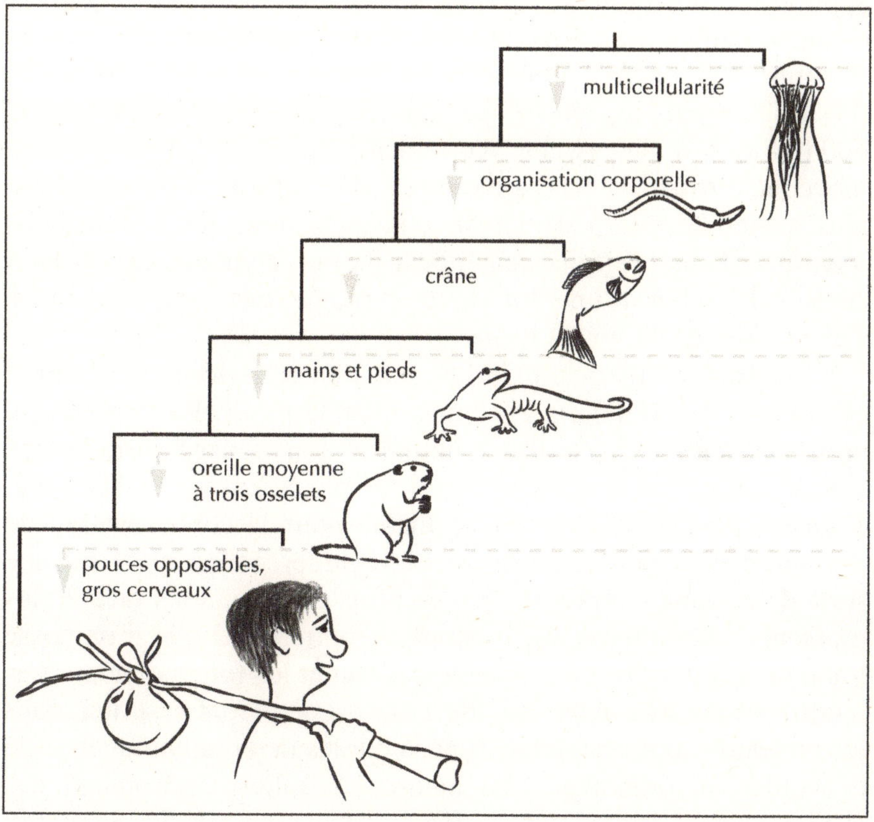

L'arbre généalogique de l'homme, jusqu'à la méduse. Cet arbre a la même physionomie que celui des clowns.

La validité de ces regroupements apparaît dans les indices sur lesquels ils reposent, elle est étayée par des centaines de traits génétiques, embryologiques et anatomiques. Cette classification nous fournit l'occasion d'une importante introspection.

C'est un peu comme éplucher un oignon, l'histoire surgit couche après couche. Apparaissent d'abord les traits que nous partageons avec tous les autres mammifères. Puis, à mesure qu'on creuse, ce sont les traits que nous partageons avec les poissons. Plus profond encore se trouvent ceux que nous partageons avec les vers. Et ainsi de suite. Si l'on se souvient de la logique appliquée à nos clowns, cela signifie qu'on trouve profondément enraciné dans notre corps un schéma de descendance avec modifications. Ce schéma est également apparent dans le registre des fossiles. Le plus ancien fossile multicellulaire remonte à plus de 600 millions d'années. Le plus ancien fossile avec une oreille moyenne à trois osselets, à moins de 200 millions d'années. Et le plus ancien fossile à démarche bipède, à peu près à 4 millions d'années. Tous ces faits constituent-ils une coïncidence, ou bien sont-ils le reflet d'une loi de la biologie que nous voyons à l'œuvre autour de nous chaque jour ?

L'astronome américain Carl Sagan a eu cette formule célèbre : contempler les étoiles, c'est contempler le passé. La lumière qui nous parvient d'une étoile a entrepris son voyage jusqu'à nos yeux avant même la naissance de notre planète, il y a une éternité. J'aime à penser qu'il en va de même pour la contemplation de l'homme. Pour peu que l'on sache regarder, notre corps est une sorte de capsule temporelle qui, une fois ouverte, nous raconte les moments déterminants de l'histoire de notre planète et d'un passé lointain parmi les océans, les cours d'eau et les forêts d'antan. Les modifications très anciennes de l'atmosphère sont inscrites dans les molécules qui permettent à nos cellules de communiquer et de constituer un organisme. La nature du milieu environnant des anciens cours d'eau est au fondement de l'anatomie de nos membres. Notre vision en couleurs et notre odorat se sont forgés à travers la vie dans les forêts et les plaines d'autrefois. Et la liste est encore longue. Cette histoire est notre héritage, elle affecte notre vie aujourd'hui et continuera de le faire à l'avenir.

Comment l'histoire nous rend malades

J'avais le genou de la taille d'un pamplemousse, et mon collègue du service de chirurgie le mettait à l'épreuve pour déterminer si j'avais trop tiré dessus, voire abîmé un ligament ou un tampon cartilagineux. Cet examen, doublé d'une IRM, a révélé une déchirure du ménisque, probablement due à vingt-cinq années passées à déambuler parmi les rochers et les éboulis lesté d'un gros sac à dos. Lorsqu'on s'abîme le genou, on est à peu près certain d'avoir endommagé l'une ou plusieurs de ces trois structures : le ménisque médian, le ligament collatéral médial ou le ligament croisé antérieur. Ces trois-là sont si souvent sujets à lésion que les médecins les appellent parfois la « triade malheureuse ». Voilà qui témoigne clairement des désavantages qu'il y a à posséder un poisson intérieur. Les poissons ne marchent pas sur deux jambes.

Notre humanité n'est pas chose donnée. L'exceptionnel assortiment de ce que nous savons accomplir – parler, réfléchir, agripper et marcher sur nos deux jambes – a un prix. C'est l'inévitable implication de l'arbre de vie qui nous habite.

Imaginez que vous entrepreniez de bricoler une Coccinelle Volkswagen pour lui faire atteindre les 250 km/h. En 1933, Adolf Hitler a demandé au Dr Ferdinand Porsche de concevoir une voiture bon marché consommant autour de 6 litres aux 100 km, et susceptible d'offrir un moyen de transport fiable à la famille moyenne allemande. Ainsi est née la Coccinelle VW. Ses origines, le projet d'Hitler, posent des contraintes à ce qu'il est possible d'y modifier aujourd'hui ; on ne peut gonfler la mécanique que jusqu'à un certain point, au-delà duquel surviennent de gros problèmes : la voiture atteint ses limites.

D'une certaine façon, nous, humains, sommes l'équivalent pour le poisson d'une VW Coccinelle hot-rod. Prenez le schéma corporel d'un poisson, habillez-le pour en faire un mammifère, puis bricolez ce mammifère jusqu'à le faire marcher sur deux jambes, parler, réfléchir et bénéficier d'un contrôle hyperfin de ses doigts – les ennuis ne manqueront pas de survenir. La transformation de ce poisson n'est possible qu'à un prix. Dans un monde idéalement conçu – un monde sans histoire – nous n'aurions à souffrir de rien, pas plus d'hémorroïdes que du cancer.

Nulle part ailleurs l'histoire n'est aussi apparente que dans les détours, les méandres et circonvolutions de nos artères, nos veines et nos nerfs. En suivant certains de ces derniers, on s'aperçoit qu'ils décrivent de curieuses boucles autour d'autres organes, paraissant partir dans une direction pour bifurquer et aboutir à un endroit inattendu. Ces détours sont le produit fascinant de notre passé et, nous allons le voir, ils nous valent constamment des problèmes – par exemple, le hoquet ou les hernies. Et ce n'est là qu'une seule des façons qu'a le passé de revenir nous tourmenter.

Nous avons vécu notre histoire lointaine dans des océans, de petits cours d'eau ou des savanes, pas dans des immeubles de bureaux, sur des pistes de ski ou des courts de tennis. Nous n'étions pas censés durer plus de quatre-vingts ans, passer dix heures par jour sur nos postérieurs ou nous goinfrer de pâtisseries à la crème, pas plus que jouer au football. L'immense écart qui sépare notre passé de notre présent d'humains implique que notre corps cède selon des cas de figure prévisibles.

La quasi-totalité des maladies dont nous souffrons possède une dimension historique. Les exemples qui suivent illustrent comment les différentes branches de l'arbre de vie qui est en nous – celles des premiers hommes, celles des batraciens et des poissons et enfin celles des microbes – reviennent aujourd'hui nous empoisonner l'existence. Chacun montre que nous n'avons pas été rationnellement conçus, mais que nous sommes bien le produit d'une histoire alambiquée.

Notre passé de chasseurs-cueilleurs : obésité, maladies du cœur et hémorroïdes

Pendant notre existence de poisson dans les océans et les cours d'eau, nous avons été des prédateurs déterminés. Plus récemment, à l'état de batraciens, de reptiles et de mammifères, nous avons fait activement notre proie d'à peu près tout, des reptiles aux insectes. Plus récemment encore, quand nous étions primates, nous avons été des arboricoles se nourrissant activement de fruits et de feuilles. Les premiers humains étaient d'actifs chasseurs-cueilleurs puis, enfin, agriculteurs. Vous ne remarquez rien de récurrent dans tout ça ? Si, le point commun tient au terme « actif ».

La mauvaise nouvelle, c'est que la majorité d'entre nous passe une grande partie de ses journées à tout sauf à être actif. À l'instant où je rédige ces lignes, je suis moi-même assis sur mon séant, et bon nombre d'entre vous sont dans la même position en train de les lire (sauf les plus vertueux, qui les lisent évidemment au club de gym). Le parcours qui nous a conduits de l'état de poisson à celui de premier humain ne nous a aucunement préparés à ce nouveau régime. Cette collision entre passé et présent a laissé sa trace dans nombre de maux de la vie moderne.

Quelles sont les premières causes du décès des humains ? Quatre des dix principales – maladie du cœur, diabète, obésité et apoplexie – possèdent en quelque sorte un fondement génétique et, probablement, historique. L'essentiel du problème tient presque certainement au fait que nous imposons à un corps d'animal actif un mode de vie de légume.

En 1962, l'anthropologue James Neel s'est intéressé à l'évolution de notre régime alimentaire. Formulant ce qui allait devenir l'hypothèse du « génotype d'épargne », Neel laissait entendre que nos ancêtres étaient adaptés à une existence en dents de scie. En tant que chasseurs-cueilleurs, les humains ont connu des périodes d'abondance, quand les proies étaient nombreuses, et la chasse efficace. Mais ces périodes étaient ponctuées de phases de pénurie, pendant lesquelles nos ancêtres avaient sensiblement moins à manger.

L'hypothèse de Neel voulait que ce cycle d'abondance et de famine possède une signature lisible dans nos gènes et nos maladies. Il disait essentiellement que le corps de nos ancêtres leur permettait d'économiser les ressources aux périodes d'abondance pour les utiliser en période de disette. Dans un tel contexte, le stockage de graisse devient particulièrement utile. L'énergie que contiennent nos aliments est divisée de sorte qu'une partie serve à nos activités immédiates et une autre soit stockée, dans la graisse par exemple, pour un usage ultérieur. Cette division est très pratique dans une existence en dents de scie, mais elle se révèle lamentable dans un milieu où les aliments riches sont disponibles vingt-quatre heures sur vingt-quatre et sept jours sur sept.

L'obésité et les maladies associées – diabète lié à l'âge, hypertension et maladies du cœur – deviennent un état naturel. L'hypothèse du génotype d'épargne pourrait aussi expliquer notre goût des aliments qui font grossir. Leur valeur énergétique est élevée, et cela leur aurait conféré un avantage incontestable dans notre passé lointain.

Notre mode de vie sédentaire nous affecte aussi d'autres façons, notamment parce que notre système circulatoire est d'abord apparu chez des animaux plus actifs.

Notre cœur pompe le sang, qui circule jusqu'à nos organes dans les artères pour y revenir par les veines. Les artères étant plus proches du cœur, la pression y est sensiblement plus élevée que dans les veines, ce qui peut poser un réel problème au sang censé remonter des pieds jusqu'au cœur. Il doit gravir la côte, pour ainsi dire, le long des veines de nos jambes jusqu'à l'abdomen. Si la pression est trop faible, il risque de ne pas arriver à destination. Deux dispositifs nous aident donc à faire ainsi remonter le sang. Le premier est constitué de petites soupapes qui autorisent l'ascension du sang, mais l'empêchent de redescendre. L'autre, ce sont les muscles de la jambe. Quand nous marchons, ils se contractent, et cette contraction à l'effet d'une pompe sur le sang dans nos veines. L'association de ces soupapes à sens unique et de la pompe musculaire des jambes permet donc au sang de remonter des pieds jusqu'à l'abdomen.

Le système fonctionne à merveille chez un animal actif, qui se sert de ses jambes pour marcher, courir et sauter, mais nettement moins bien chez un animal plus sédentaire. À défaut d'utilisation suffisante des jambes, les muscles ne jouent plus leur rôle de pompe. Lorsque le sang stagne dans les veines, des problèmes peuvent survenir, parce que cette stagnation peut empêcher le fonctionnement des soupapes. C'est exactement ce que sont les varices. La soupape cesse de fonctionner, le sang s'accumule dans les veines, et ces dernières enflent au point de créer des méandres dans la jambe.

Il va sans dire que la condition des veines peut aussi devenir un cauchemar rectal. Les camionneurs, et avec eux toute personne demeurant assise sur de longues durées, sont particulièrement sujets aux hémorroïdes, un autre coût de notre vie sédentaire. Pendant les longues heures qu'ils passent assis, le sang s'accumule dans les veines et les espaces autour du rectum. Ainsi se constituent les hémorroïdes – un rappel particulièrement cuisant du fait que nous n'avons pas été conçus pour rester trop longtemps assis, et encore moins sur des surfaces molles.

Passé de primates : le poids réel des mots

La parole nous coûte cher : l'étouffement et l'apnée du sommeil figurent en bonne place parmi les problèmes que nous devons affronter pour avoir droit à la parole.

Nous produisons les sons du langage par des mouvements contrôlés de la langue, du larynx et de l'arrière de la gorge. Cela ne répond dans l'ensemble qu'à des modifications relativement simples apportées au profil de base d'un mammifère ou d'un reptile. On l'a vu au chapitre 5, le larynx de l'homme est essentiellement composé de cartilage des arcs branchiaux, qui correspondent aux branchies du requin et des poissons. L'arrière de la gorge, de la dernière molaire jusqu'au-dessus du larynx, est constitué de parois flexibles capables de s'ouvrir et se fermer. C'est en bougeant la langue, en jouant sur la forme de la bouche et en contractant un certain nombre de muscles contrôlant la rigidité de cette paroi que nous émettons les sons du langage.

L'apnée du sommeil est l'une des contreparties potentiellement dangereuses de notre aptitude à parler. Pendant le sommeil, les muscles de la gorge se détendent, ce qui, chez la plupart, ne pose aucun problème. Mais chez certains, le passage peut s'affaisser de sorte que l'individu passe un temps relativement long sans respirer. Évidemment, cela peut s'avérer extrêmement dangereux, notamment chez les personnes cardiaques. La flexibilité de notre gorge, si précieuse à la parole, nous rend sujets à l'apnée du sommeil, qui provient d'une obstruction des voies aériennes.

L'étouffement fait aussi partie du lot. En effet, notre bouche mène aussi bien à la trachée par laquelle nous respirons qu'à l'œsophage, c'est-à-dire que nous employons le même passage pour avaler, respirer et parler. Mais ces trois fonctions sont incompatibles, par exemple quand un morceau de nourriture vient se coincer dans la trachée.

Notre passé de poisson et de têtard : le hoquet

Voilà une nuisance qui nous vient du fragment d'histoire que nous partageons avec les poissons et les têtards.

S'il est une maigre consolation au hoquet, c'est que nous le partageons avec de nombreux autres mammifères. On peut provoquer le hoquet chez le chat en émettant une légère impulsion électrique sur un petit bout de tissu du tronc cérébral. On pense que cette zone est le centre de contrôle de ce réflexe complexe qu'on appelle hoquet.

Le réflexe du hoquet est un tic stéréotypé impliquant certains muscles de la paroi corporelle, du diaphragme, du cou et de la gorge. Un spasme parcourt un ou deux des principaux nerfs contrôlant la respiration et provoque une contraction musculaire donnant lieu à une très forte inspiration d'air. Puis, à peu près 35 millièmes de seconde plus tard, un clapet de chair situé à l'arrière de la gorge (la glotte) obstrue le sommet des voies aériennes. C'est cette inhalation rapide suivie de la fermeture du tube qui produit le fameux « hic ».

Le problème c'est que ce « hic » ne vient que rarement seul. Si l'on parvient à interrompre le hoquet avant le cinquième ou dixième spasme, on a de bonnes chances de mettre un terme à la crise. Mais une fois cette opportunité manquée, les hic se prolongeront en moyenne jusqu'au soixantième. L'inhalation de dioxyde de carbone (en respirant dans le fameux sac de papier) ou l'étirement de la paroi corporelle (en inspirant à fond et en retenant l'air) peuvent se révéler efficaces chez certains d'entre nous. Mais pas tous. Le hoquet pathologique peut parfois durer particulièrement longtemps : le cas le plus long sans interruption s'est éternisé de 1922 à 1990.

Il faut voir dans notre propension au hoquet un nouvel exemple d'influence du passé. Deux causes sont à considérer. La première est ce qui provoque le spasme nerveux qui entame le processus. La seconde est ce qui donne lieu au hic, l'inhalation et la brusque fermeture de la glotte. Le spasme nerveux provient de notre passé de poisson ; quant au hic, il est le fruit de l'histoire que nous partageons avec des animaux tels que les têtards.

Les poissons, d'abord. Notre cerveau sait gérer la respiration sans que cela nous demande d'effort conscient. L'essentiel du travail s'accomplit dans le tronc cérébral, à la jonction du cerveau et de la moelle épinière. Le tronc cérébral émet une impulsion nerveuse vers nos principaux muscles respiratoires. La respiration obéit à un schéma bien précis : les muscles de la poitrine, du diaphragme et de la gorge se contractent dans un ordre bien défini. C'est pourquoi on appelle cette partie du tronc cérébral le « générateur central de rythme ». Cette région produit des schémas rythmiques d'activité nerveuse et, conséquemment, musculaire. Un certain nombre de générateurs de ce type déterminent aussi depuis le cerveau et la moelle épinière d'autres comportements rythmés, comme la déglutition ou la marche.

Le problème naît du fait que le tronc cérébral, qui contrôlait à l'origine la respiration chez le poisson, a été rafistolé pour fonctionner chez les mammifères. Chez les requins et les poissons osseux, une partie du tronc cérébral gère le déclenchement rythmé des muscles de la gorge et autour des branchies. Tous les nerfs contrôlant ces régions proviennent d'une zone bien définie du tronc cérébral. On retrouve cette organisation des nerfs jusque chez certains des poissons les plus primaires que contienne le registre des fossiles. D'anciens ostracodermes trouvés dans des roches de plus de 400 millions d'années ont conservé l'empreinte du cerveau et des nerfs crâniens. Comme chez nos poissons actuels, les nerfs contrôlant la respiration y émergent du tronc cérébral.

Cela fonctionne parfaitement chez le poisson, mais assez mal chez le mammifère. Chez le premier, les nerfs contrôlant la respiration n'ont pas long à voyager depuis le tronc cérébral, car les branchies et la gorge entourent généralement cette région du cerveau. Chez les mammifères, le problème n'est pas le même. Notre respiration répond à des muscles de la paroi de la poitrine et du diaphragme, le feuillet musculaire qui sépare la poitrine de l'abdomen. La contraction du diaphragme provoque l'inspiration. Les nerfs contrôlant le diaphragme émergent du cerveau, comme chez le poisson, plus précisément du tronc cérébral, près du cou. Ces nerfs, le nerf vague et le nerf phrénique, quittent donc la base du crâne et traversent la cage thoracique jusqu'au diaphragme et aux parties de la poitrine contrôlant la respiration. Ce parcours sinueux engendre des problèmes ; si nous avions été rationnellement conçus, le trajet des nerfs ne partirait pas du cou, mais d'un point plus proche du diaphragme. Malheureusement, la moindre interférence avec l'un de ces nerfs risque d'inhiber ses fonctions ou d'engendrer un spasme.

Si le curieux parcours de nos nerfs est le fruit de notre passé de poisson, le hoquet proprement dit est probablement celui de notre passé de batracien. Le hoquet est unique parmi les comportements respiratoires en ce sens qu'un brusque appel d'air est immédiatement suivi par une fermeture de la glotte. Le phénomène paraît dépendre d'un générateur central de rythme situé dans le tronc cérébral : il suffit de stimuler cette région par une impulsion électrique pour le déclencher. Que le hoquet relève d'un générateur de rythme paraît logique, puisque, comme d'autres comportements respiratoires, il s'agit d'une séquence d'événements stéréotypée.

Il se trouve que, chez nous, le générateur de rythme responsable du hoquet est pratiquement identique à celui de certains batraciens. Et pas n'importe lesquels : les têtards, qui respirent à la fois à l'aide de poumons et de branchies. Ils emploient le générateur de rythme lorsqu'ils se servent de leurs branchies pour pomper l'eau dans la bouche et la gorge à travers les branchies, mais il ne faut pas que de l'eau s'écoule dans les poumons. Pour empêcher cela, ils ferment la glotte. Et pour fermer la glotte, les têtards disposent d'un générateur de rythme central situé dans le tronc cérébral de façon à faire suivre immédiatement une inspiration par la fermeture de la glotte. S'ils peuvent respirer avec leurs branchies, c'est grâce à une forme élaborée de hoquet.

Le parallèle entre notre hoquet et les branchies du têtard est si flagrant qu'on a souvent avancé qu'il ne s'agissait que d'un seul et même phénomène. On peut interrompre la respiration branchiale des têtards avec du dioxyde de carbone, comme le hoquet. On peut aussi la bloquer en étirant la cloison thoracique, comme on fait cesser le hoquet en retenant sa respiration. Allez savoir, peut-être peut-on bloquer la respiration branchiale du têtard en lui faisant boire un verre d'eau la tête en bas ?

Notre passé de requin : la hernie

Notre propension aux hernies, en tout cas lorsqu'elles surviennent dans la région de l'aine, provient d'avoir fait un mammifère à partir d'un corps de poisson.

Les gonades des poissons s'étendent le long du thorax, non loin du cœur. Mais pas celles des mammifères, et c'est tout le problème. Il est toutefois fort heureux que nous n'ayons pas les gonades en plein thorax, au niveau du cœur, même si cela ferait du salut au drapeau, poing serré sur la poitrine, une tout autre expérience. Si tel était le cas, nous ne pourrions avoir d'enfants.

Fendons le ventre d'un requin de la gueule à la queue. La première chose qu'on voit, c'est du foie, beaucoup de foie. Le foie du requin est gigantesque, au point de pousser certains zoologues à penser qu'il joue un rôle dans sa flottabilité. Retirons le foie, et voilà les gonades, étendues près du cœur, dans la région « thoracique ». Cette disposition est commune à la plupart des poissons : les gonades se trouvent à l'avant du corps.

Chez nous, comme chez la plupart des mammifères, une telle disposition serait catastrophique. Les mâles produisent du sperme toute leur vie. Le sperme est composé de petites cellules très douillettes qui exigent pour se développer normalement une

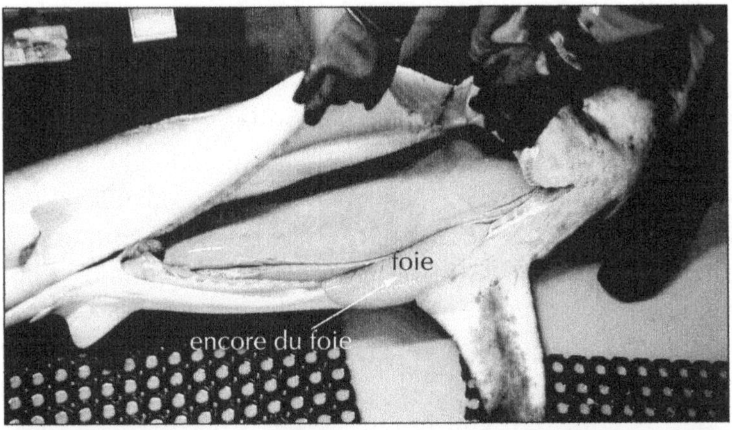

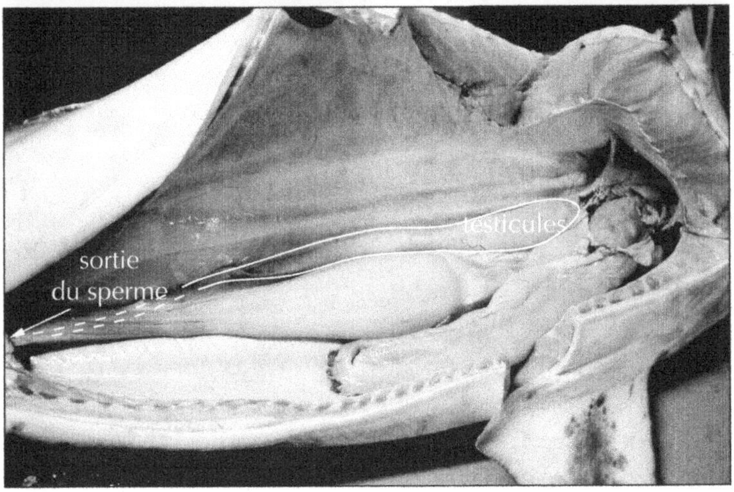

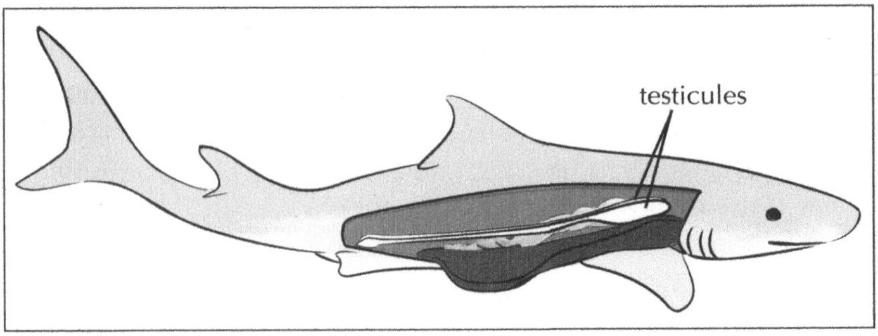

En ouvrant un requin, on y trouve un immense foie (haut). Si l'on pousse le foie de côté, on peut voir les gonades, étendues relativement près du cœur, comme chez d'autres créatures primitives. Photos gracieusement fournies par le Dr Steven Campana, Canadian Shark Research Laboratory.

température précise pendant les trois mois de leur existence. S'il fait trop chaud, les spermatozoïdes sont malformés ; trop froid, ils meurent. Pour réguler la température de l'appareil qui produit le sperme, les mammifères mâles disposent d'un fameux petit dispositif : les bourses, ou scrotum. Comme chacun le sait, les gonades sont contenues dans une poche, dont la peau comporte des muscles qui se détendent et se contractent au gré de la température. Le canal éjaculateur en comporte lui aussi. D'où l'effet dit de la douche froide : aussitôt que la température descend, le scrotum se pelotonne contre le corps. Et c'est tout l'ensemble qui se rehausse ou s'affaisse selon la température. Tout cela n'est en fait qu'une méthode d'optimisation de la production de sperme sain.

Ainsi suspendu, le scrotum sert aussi chez nombre de mammifères de signal sexuel. Entre les avantages physiologiques afférents au fait de porter ses gonades à l'extérieur de la paroi corporelle, et le bénéfice occasionnel qui en découle en matière d'attraction de partenaires, nos ancêtres mammifères ont certainement su tirer parti de leur possession d'un scrotum.

Le problème du dispositif, c'est que la tuyauterie qui véhicule le sperme jusqu'au pénis est particulièrement sinueuse. Le canal éjaculateur quitte le scrotum, remonte jusqu'à la taille, décrit une boucle autour du bassin, qu'il traverse ensuite jusqu'au pénis et son orifice. Tout au long de ce cheminement complexe, le sperme s'enrichit du fluide séminal que sécrètent plusieurs glandes raccordées au conduit.

L'absurdité d'un tel trajet tient à l'histoire de notre développement et de notre évolution. À l'entame de leur développement, nos gonades se trouvent à peu près au même endroit que chez le requin : en haut, près du foie. Puis, à mesure qu'elles se forment et qu'elles grossissent, elles descendent. Chez la femme, les ovaires descendent de leur position initiale intermédiaire pour se placer près de l'utérus et des trompes de Fallope. C'est un moyen de s'assurer que l'œuf n'aura pas à effectuer un trop long trajet pour être fertilisé. Il en découle que le scrotum n'est en vérité qu'une projection de notre paroi corporelle.

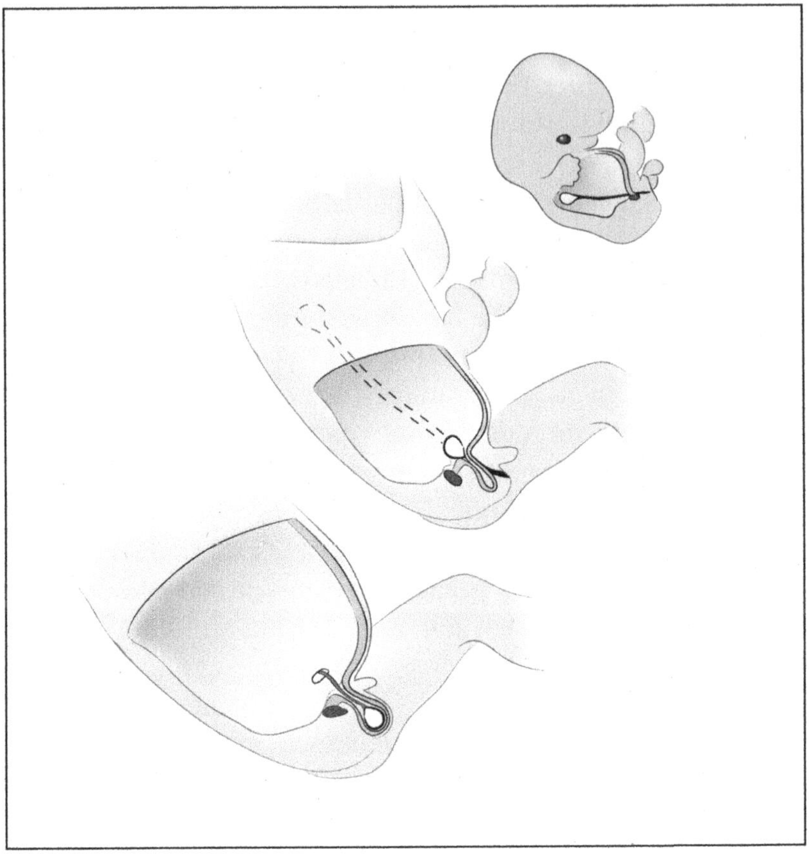

La descente des testicules. Pendant la croissance, les testicules abandonnent la haute position initiale des gonades pour aboutir dans le scrotum, qui est une poche externe de la paroi corporelle. Chez le mâle humain, cela crée une faiblesse dans la paroi corporelle de la région de l'aine.

La descente des gonades, notamment chez le mâle, crée un point faible dans la paroi corporelle. Pour visualiser ce qu'il advient lorsque les testicules et le canal éjaculateur descendent pour former le scrotum, imaginez que vous poussiez du poing contre une feuille de caoutchouc. Dans cet exemple, votre poing tient la place des testicules et le bras celle du canal éjaculateur. Le problème, c'est qu'on a créé une faiblesse à la hauteur du bras. Là où la feuille de caoutchouc n'était autrefois qu'une simple paroi, on a désormais un nouvel espace, entre le bras et la feuille de caoutchouc, où des choses peuvent venir se glisser. C'est en gros le scénario de nombreuses hernies inguinales chez l'homme. Certaines sont congénitales – un bout des tripes accompagne les testicules dans leur descente – mais il existe aussi une hernie inguinale acquise. Lorsqu'on contracte ses muscles abdominaux, les tripes poussent contre la paroi corporelle. La moindre faille au sein de cette cloison est une occasion pour les tripes de s'échapper de la cavité abdominale et se presser contre le canal éjaculateur.

Les femmes, on le sait, sont bien plus robustes que les hommes, notamment à cet endroit du corps. Leur paroi abdominale n'étant pas traversée d'un tuyau géant, elle est nettement plus résistante que celle de l'homme, ce qui n'est pas plus mal quand on songe aux pressions énormes qui s'exercent lors de la grossesse et de l'accouchement. Le passage d'un canal à travers la paroi corporelle compromettrait le processus. La propension masculine aux hernies est un élément du troc entre notre passé de poisson et notre présent de mammifère.

Notre passé microbien : les maladies mitochondriales

Les mitochondries se trouvent dans chaque cellule de notre corps, où elles accomplissent un nombre remarquable de choses. Leur première fonction est de transformer l'oxygène et les sucres en énergie exploitable à l'intérieur de nos cellules, mais elles s'occupent aussi de métaboliser les toxines dans le foie et de réguler divers aspects de notre fonctionnement cellulaire. On ne prend généralement conscience de l'existence des mitochondries que quand elles ne tournent pas rond. La liste des maladies causées par des dysfonctionnements des mitochondries est extraordinairement longue et complexe. Lorsque le problème survient dans les réactions chimiques consumant l'oxygène, c'est la production énergétique qui s'en ressent. Le dysfonctionnement peut aussi se confiner à des tissus individuels, comme les yeux, ou affecter tous les systèmes du corps. Selon sa localisation et sa sévérité, il peut provoquer tout type de choses allant de l'affaiblissement à la mort.

Parmi les processus indispensables à la vie, bon nombre sont le reflet de l'histoire de nos mitochondries. La cascade d'événements chimiques qui transforme le sucre et l'oxygène en énergie exploitable et en dioxyde de carbone existe depuis des milliards d'années, et l'on en trouve certaines versions jusque dans divers microbes. Les mitochondries portent en elles ce passé bactérien : leur conformation génétique générale et leur microstructure cellulaire prêtent à penser qu'elles sont issues voilà plus d'un milliard d'années de microbes libres. En fait, la mécanique génératrice d'énergie des mitochondries est apparue tout entière dans l'une de ces anciennes bactéries.

Ce passé bactérien peut s'avérer utile à l'étude des maladies mitochondriales – d'ailleurs, certains des meilleurs modèles expérimentaux dans le domaine *sont* des bactéries. C'est là un atout formidable, parce qu'on peut réaliser sur des bactéries tout type d'expériences impossibles sur des cellules humaines. Parmi ces études, l'une des plus marquantes a été celle d'une équipe de scientifiques italiens et allemands. Le mal qu'ils ciblaient tue invariablement les nourrissons qui en sont porteurs à la naissance. C'est la cardio-encéphalomyopathie, due à une anomalie génétique qui entrave le bon fonctionnement métabolique des mitochondries. Chez un patient atteint de ce mal, l'équipe de chercheurs européens a identifié un point de l'ADN qui présentait une altération suspecte. Connaissant un peu l'histoire de la vie, ils se sont penchés sur le microbe appelé *Paracoccus denitrificans*, qu'on qualifie souvent de mitochondrie à l'état libre pour la similarité de ses gènes et de ses voies chimiques avec ceux des mitochondries. Ils ont en fait révélé l'étendue exacte de cette similarité en reproduisant chez la bactérie l'altération génétique constatée chez leur patient humain. Ce qu'ils ont découvert était parfaitement logique, dès lors qu'on connaît notre histoire. Ils ont réussi à créer certains aspects d'une maladie mitochondriale humaine chez une bactérie, obtenant quasiment la même altération métabolique. Ce faisant, ils ont su exploiter pour le bien commun une partie de notre histoire remontant à de nombreux milliards d'années.

Cet exemple tiré de microbes n'est pas unique. À en juger au palmarès du prix Nobel de médecine et physiologie depuis treize ans, j'aurais dû appeler ce livre *La mouche qui est en nous*, *Le ver qui est en nous* ou *La levure qui est en nous*. Le prix Nobel de médecine de 1995 a récompensé des travaux novateurs sur la mouche ayant abouti à la découverte d'un jeu de gènes qui donne lieu à la fabrication du corps chez l'homme et d'autres animaux. Ceux de 2002 et 2006 ont été décernés aux auteurs d'importantes percées en matière de génétique et de santé humaine pour leur étude d'un petit ver à l'air vraiment insignifiant (*C. elegans*). De même, en 2001, de belles analyses portant sur la levure (y compris celle du boulanger) et les oursins ont obtenu le prix Nobel de médecine pour avoir enrichi notre connaissance de certains aspects fondamentaux de la biologie de toutes les cellules. Il ne s'agit pas là de découvertes ésotériques accomplies sur des créatures obscures et sans importance. Ces découvertes sur la levure, la mouche, le ver et, oui, le poisson, nous parlent du fonctionnement de notre corps, des causes de nombreuses maladies qui nous affligent, et nous offrent l'occasion de développer des outils qui nous permettront de vivre plus vieux et en meilleure santé.

Épilogue

En tant que père de deux jeunes enfants, j'ai récemment été amené à passer beaucoup de temps dans les zoos, les musées et les aquariums. La place de visiteur m'est assez inhabituelle, parce que je travaille depuis des années avec ces établissements, parmi les collections des musées, participant même parfois à certaines expositions. Ces visites familiales m'ont montré à quel point ma vocation m'a rendu insensible à la beauté et à la complexité sublimes du monde et du corps. À force d'enseigner et d'écrire à propos de millions d'années d'histoire et d'étranges mondes anciens, l'intérêt que j'y porte est devenu quelque peu détaché et analytique. Et voilà qu'aujourd'hui je refais l'expérience de la science avec mes enfants – dans le genre de lieux où ma passion s'est révélée au départ.

Mon fils et moi avons récemment vécu un moment particulier au musée de la Science et de l'Industrie de Chicago, que nous fréquentions assez régulièrement depuis trois ans parce que mon fils est amoureux des trains et qu'un immense modèle réduit de chemin de fer y occupe la salle centrale. J'ai passé d'innombrables heures à cet endroit, à suivre les locomotives le long de leur petit périple de Chicago jusqu'à Seattle. Au bout de quelques visites hebdomadaires à ce temple des mordus du rail, Nathaniel et moi avons quand même fini par pousser jusqu'à certaines salles du musée que nous n'avions pas encore vues lors de nos expéditions ferroviaires tout juste ponctuées de rares expéditions jusqu'aux tracteurs et avions grandeur nature. À l'arrière du musée, au Centre spatial Henry Crown, on trouve entre autres souvenirs du programme spatial des années 1960 et 1970 des reproductions de planètes suspendues au plafond et des tenues de cosmonaute accrochées dans des vitrines. Je pensais jusque-là que l'arrière du musée ne devait offrir au regard que les choses trop ordinaires pour figurer dans les grandes expositions de façade. Mais il s'y trouvait aussi une capsule spatiale abîmée, dont on faisait le tour en observant l'intérieur. Ça n'avait pas l'air très important ; c'était bien trop petit, trop rafistolé pour avoir une réelle signification. Le panneau explicatif était lourdement formel, au point qu'il m'a fallu le lire à plusieurs reprises pour que ça me frappe : il s'agissait du module de commandement original d'Apollo 8, la fusée dans laquelle James Lovell, Frank Borman et William Anders accomplirent le premier aller-retour de l'homme jusqu'à la Lune. C'était précisément l'engin spatial dont j'avais suivi le parcours pendant les vacances de Noël en CE2, et j'étais là, trente-huit ans plus tard avec mon propre fils, à contempler l'original. Évidemment, il était endommagé. Les cicatrices accumulées à l'aller comme au retour sur Terre étaient apparentes. Comme ça n'intéressait pas du tout Nathaniel, j'ai pris la peine de lui expliquer ce dont il s'agissait. Mais j'étais sans voix ; saisi d'émotion, je n'ai pas pu prononcer le moindre mot. Après quelques minutes, j'ai enfin pu lui raconter l'histoire du voyage de l'homme jusqu'à la Lune.

Mais ce que je ne pourrai lui expliquer avant qu'il soit en âge de comprendre, c'est la raison de l'accès d'émotion qui m'a pris. La vérité, c'est qu'Apollo 8 est un symbole de l'aptitude de la science à expliquer et à rendre notre univers appréhendable. On pourra toujours débattre autour du fait que le programme spatial répondait à des motivations scientifiques ou politiques, mais le fait central demeure aussi limpide aujourd'hui qu'il l'était en 1968 : Apollo 8 était issu de l'optimisme fondamental qui anime les meilleures démarches scientifiques. C'est une démonstration exemplaire que l'inconnu ne doit pas inspirer la suspicion, la peur, le retrait dans la superstition, mais bien constituer une motivation à continuer à poser des questions et y chercher des réponses.

De même que le programme spatial a modifié notre perception de la Lune, la paléontologie et la génétique sont en train de changer celle que nous avons de nous-mêmes. À mesure que nous apprenons, ce qui semblait autrefois lointain et inaccessible intègre notre champ de compréhension, accède à notre portée. Nous vivons une époque de découvertes, où la science dévoile le fonctionnement interne d'animaux aussi différents que la méduse, le ver ou la souris. Nous commençons à entrapercevoir l'ébauche d'une solution à l'un des plus grands mystères de la science – ce qui distingue génétiquement l'homme du reste des vivants. Ajoutons à cela que certaines des principales découvertes de la paléontologie – nouveaux fossiles, et nouveaux outils pour les analyser – se sont produites dans les vingt dernières années, et nous constaterons que notre capacité d'observation de la réalité de notre histoire gagne en précision à un rythme encore jamais atteint. Vu à travers le prisme de milliards d'années de changement, tout ce qui dans l'histoire de la vie paraît innovant ou unique n'est en fait que recyclage, réorganisation, réaffectation ou modification d'anciennes choses pour de nouveaux usages. Telle est l'histoire de chacune des parties qui nous composent, de nos organes sensoriels à notre tête, et même de notre schéma corporel tout entier.

Quel sens peuvent bien avoir des milliards d'années d'histoire pour nos vies actuelles ? De la connaissance de la façon dont notre corps est issu d'éléments partagés avec d'autres êtres vivants jailliront les réponses à des questions fondamentales qui se posent à nous – sur le fonctionnement interne de nos organes ou la place que nous occupons dans la nature. Je ne vois pas grand-chose d'aussi beau ou d'intellectuellement signifiant que la découverte du fondement de notre humanité, et des remèdes à bon nombre de maladies dont nous souffrons, niché au cœur de l'une des plus humbles créatures ayant jamais peuplé la planète.

Notes, références et lectures recommandées

1. Trouver ce poisson qui vit en nous

Pour ceux qui souhaiteraient approfondir les questions ici abordées, j'ai inclus un mélange de sources primaires et secondaires. Pour un traitement des grandes questions de biologie et de géologie à travers le récit d'expéditions exploratoires paléontologiques, voir Mike Novacek, *Dinosaurs of the Flaming Cliffs* (New York, Anchor, 1997), Andrew Knoll, *Life on a Young Planet* (Princeton, Princeton University Press, 2002) et John Long, *Swimming in Stone* (Melbourne, Freemantle Press, 2006). Chacun mêle l'analyse scientifique aux descriptions de découvertes réalisées sur le terrain.

Les méthodes comparatives que j'aborde, comme lors de notre promenade au zoo, sont celles de la cladistique. On en trouvera un magnifique tour d'horizon dans Henry Gee, *In Search of Deep Time* (New York, Free Press, 1999). J'évoque essentiellement une version du cladogramme des trois taxons, qui est le point de départ de l'analyse comparative cladistique. On en trouvera un bon aperçu accompagné de sources générales dans Richard Forey *et al.*, « The lungfish, the cœlacanth and the cow revisited », dans H.-P. Schultze et L. Trueb (sous la direction de), *Origin of the Higher Group of Tetrapods* (Ithaca, N.Y., Cornell University Press, 1991).

Divers articles abordent la corrélation entre le registre des fossiles et notre « promenade au zoo ». En voici quelques-uns : M.J. Benton et R. Hitchin, « Congruence between phylogenetic and stratigraphic data in the history of life », *Proceedings of the Royal Society of London*, B 264 : 885-890

(1997) ; M.A. Norell et M.J. Novacek, « Congruence between superpositional and phylogenetic patterns : comparing cladistic patterns with fossil records », *Cladistics* 8 : 319-337 (1992) ; P.J. Wagner et C. Sidor, « Age rank/clade rank metrics – sampling, taxonomy, and the meaning of "stratigraphic consistency" », *Systematic Biology* 49 : 463-479 (2000).

Les couches de la colonne sédimentaire et les fossiles qu'elle contient font l'objet d'une explication aussi complète que splendide dans Richard Fortey, *Life : A Natural History of the First Four Billion Years of Life on Earth* (New York, Knopff, 1998). Pour des informations sur la paléontologie des vertébrés, voir R. Carroll, *Vertebrate Paleontology and Evolution* (San Francisco : W.H. Freeman, 1987) et M.J. Benton, *Vertebrate Paleontology* (Londres, Blackwell, 2004).

Concernant l'origine des tétrapodes : Carl Zimmer fait le tour d'horizon du *nec plus ultra* en la matière dans un ouvrage particulièrement lisible et documenté *At The Water's Edge* (New York, Free Press, 1998). On doit à Jenny Clack le texte définitif sur l'ensemble du passage à la terre ferme, *Gaining Ground* (Bloomington, Indiana University Press, 2002). Cet ouvrage, véritable bible en la matière, fera vite un expert du plus profane.

Nos articles originaux décrivant Tiktaalik ont paru dans le numéro du 6 avril 2006 de *Nature*. En voici les références : Daeschler *et al.* (2006), « A Devonian tetrapod-like fish and the origin of the tetrapod body plan », *Nature*, 757 : 757-763 ; Shubin *et al.*, « The pectoral fin of *Tiktaalik Rosæ* and the origin of the tetrapod limb », *Nature* 757 : 764-771. Le même numéro de cette revue comporte un commentaire complet et lisible de Jenny Clack et Per Ahlberg (*Nature* 757 : 747-749).

Tout ce qui concerne notre passé est relatif, y compris la structure même du présent ouvrage. J'aurais aussi bien pu l'intituler « L'humain qui est en vous » et adopter le point de vue du poisson. Le livre aurait été étonnamment similaire : ce serait toujours un coup de projecteur sur l'histoire que partagent poissons et humains dans leur corps, leur cerveau et leurs cellules. On l'a vu, l'ensemble du vivant partage avec d'autres espèces une part importante de son histoire, seul le reste lui est propre.

2. Prise en main

Owen n'a certainement pas été le premier à observer le schéma un os/deux os/paquet d'osselets/doigts. Vicq-d'Azyr au XVIIIe siècle et Geoffroy Saint-Hilaire (1812) l'avaient également intégré à leur vision du monde. Ce qui distingue Owen, c'est la notion d'archétype. Il s'agissait pour lui d'une organisation transcendantale du corps, reflétant le souhait du Créateur.

Saint-Hilaire recherchait moins un schéma archétypique caché derrière toute structure que des « lois de la forme » régissant la constitution des corps. On trouvera ces questions agréablement traitées dans T. Appel, *The Cuvier-Geoffroy Debate : French Biology in the Decades Before Darwin* (New York, Oxford University Press, 1987) et E.S. Russell, *Form and Function : A Contribution to the History of Morphology* (Chicago, University of Chicago Press, 1982).

S'il ne fallait acquérir qu'un ouvrage sur la diversité des membres et leur développement, autant que ce soit le récent volume édité sous la direction de Brian K. Hall, *Fins into Limbs : Evolution, Development, and Transformation* (Chicago, University of Chicago Press, 2007), qui comporte plusieurs articles importants sur différents types de membres. Pour davantage de détails concernant la transition des nageoires aux membres, il sera utile de lire Shubin *et al.*, « The pectoral fin of *Tiktaalik Rosœ* and the origin of the tetrapod limb », *Nature* 757 : 764-771 ; M.I. Coates, J.E. Jeffery et M. Ruta, « Fins to limbs : what the fossils say », *Evolution and Development* 4 : 390-412 (2002).

3. La génétique à portée de main

La biologie du développement traitant de la diversité des membres a fait l'objet de nombreuses recensions et articles de fond. Pour un panorama des classiques sur la question, voir N. Shubin et P. Alberch, « A morphogenetic approach to the origin and basic organization of the tetrapod limb », *Evolutionary Biology* 20 : 319-387 ; et J.R. Hinchliffe et P. Griffiths, « The prechondrogenic patterns in tetrapod limb development and their phylogenetic significance », dans *Development and Evolution*, sous la direction de B. Goodwin, N. Holder et C. Wylie (Cambridge, Cambridge University Press, 1983), p. 99-121. Les expériences de Saunders et Zwilling sont désormais célèbres, au point qu'on en trouve certains des meilleurs récits dans les principaux manuels de biologie du développement. Lire notamment parmi ceux-là S. Gilbert, *Developmental Biology* (8e édition, Sunderland, Massachusetts, Sinauer Associates, 2006) ; L. Wolpert, J. Smith, T. Jessel, F. Lawrence, E. Robertson et E. Meyerowitz, *Principles of Development* (Oxford, Oxford University Press, 2006).

Pour le premier article décrivant le rôle de Sonic le hérisson dans l'ébauche des membres, voir R. Riddle, R.L. Johnson, E. Laufer, C. Tabin, « *Sonic Hedgehog* mediates the polarizing activity of the ZPA », *Cell* 75 : 1401-1416 (1993).

On trouvera les travaux de Randy sur le marquage de Sonic dans les nageoires de requin et de raie dans R. Dahn, M. Davis, W. Pappano, N. Shubin, « *Sonic Hedgehog* function in chondrichtyan fins and the evolution of appendage patterning », *Nature* 445 : 311-314 (2007). Et ceux, subséquents, menés au laboratoire sur l'origine des membres, en tout cas d'un point de vue génétique, dans M. Davis, R. Dahn et N. Shubin, « A limb autopodial-like pattern of nox expression in a basal actinopterygian fish », *Nature*, 447 : 473-476 (2007).

Les similitudes génétiques frappantes dans le développement des mouches, des poulets et des humains sont abordées dans N. Shubin, C. Tabin, S. Carroll, « Fossils, genes, and the evolution of animal limbs », *Nature* 388 : 639-648 (1997), ainsi que dans D. Erwin et E.H. Davidson, « The last common bilaterian ancestor », *Development* 129 : 3021-3032 (2003).

4. Des dents partout

L'importance des dents dans la connaissance des mammifères est soulignée avec insistance dans les nombreux écrits sur la question. La structure dentaire joue un rôle particulièrement important dans l'étude des premières traces de mammifères. On en trouvera de longs comptes rendus dans Z. Kielan-Jaworowska, R.L. Cifelli et Z. Luo, *Mammals from the Age of Dinosaurs* (New York, Columbia University Press, 2004), et J.A. Lillegraven, Z. Kielan-Jaworowska et W. Clemens (sous la direction de), *Mesozoic Mammals : The First Two-Thirds of Mammalian History* (Berkeley, University of California Press, 1979), p. 311.

Pour une analyse du mammifère d'Arizona de Farish, voir F.A. Jenkins Jr., A.W. Crompton, W.R. Downs, « Mesozoic mammals from Arizona : New evidence on mammalian evolution », *Science* 222 : 1233-1235 (1983).

Les tritheledontidés que nous avons trouvés en Nouvelle-Écosse font l'objet d'une description dans N. Shubin, A.W. Crompton, H.D. Sues et P. Olsen, « New fossil evidence on the sister-group of mammals and early Mesozoic faunal distributions », *Science* 251:1063-1065.

On trouvera un récent tour d'horizon de l'origine des dents, des os et des crânes, notamment depuis le tournant constitué par les conodontes, dans P. Donoghue et I. Samson, « Origin and early evolution of vertebrate skeletonization », *Microscopy Research and Technique* 59 : 352-372 (2002). Ainsi qu'une étude approfondie des rapports évolutionnistes entre conodontes et de leur importance dans P. Donoghue, P. Forey et R. Aldridge, « Conodont affinity and chordate phylogeny », *Biological Reviews* 75 : 191-251 (2000).

5. Bille en tête

La question de la structure, du développement et de l'évolution du crâne, est traitée de façon particulièrement complète et détaillée dans le formidable ouvrage en trois volumes publié sous la direction de James Hanken et Brian Hall, *The Skull* (Chicago, University of Chicago Press, 1993). Lire aussi l'édition mise à jour d'un classique sur le développement de la tête et sa structure, G.R. De Beer, *The Development of the Vertebrate Skull* (Oxford, Oxford University Press, 1937).

On trouvera les détails du développement et de la structure de la tête humaine dans des textes d'anatomie et d'embryologie. Pour l'embryologie, voir K. Moore et T.V.N. Persaud, *The Developing Human* (7e édition, Philadelphie, Elsevier, 2006). Le texte d'anatomie qui le complète est de K. Moore et A.F. Dalley, *Clinically Oriented Anatomy* (Philadelphie, Lippincott Williams & Wilkins, 2006).

L'essentiel des travaux fondateurs de Francis Maitland Balfour est disséminé dans différents ouvrages : F.M. Balfour, « A preliminary account of the development of the elasmobranch fishes », *Q. J. Microsc. Sci.* 14 : 323-364 (1874) ; F.M. Balfour, *A Monograph on the Development of Elasmobranch Fishes*, quatre volumes (Londres, Macmillan & Co, 1878) ; F.M. Balfour, *Traité d'embryologie et d'organogénie comparées* (Paris, J.-B. Baillière et fils, 1883-1885) ; M. Foster et A. Sedgewick, *The Works of Francis Maitland Balfour*, avec une notice biographique introductive de Michael Foster, quatre volumes (Londres, Macmillan & Co., 1885). L'un de ses successeurs à Oxford, Edwin Goodrich, est l'auteur d'un classique d'anatomie comparative, *Studies on the Structure and Development of Vertebrates* (Londres, Macmillan, 1930).

Balfour, Oken, Goethe, Huxley, parmi d'autres, se sont intéressés au problème dit de la segmentation de la tête. De même que la forme des vertèbres change selon une progression régulière de l'avant à l'arrière, la tête présente aussi un schéma segmenté. Pour approfondir cette question, voici une sélection de classiques récents (tous dotés d'une bonne bibliographie) : L. Olsson, R. Ericsson, R. Cerny, « Vertebrate head development : Segmentation, novelties, and homology », *Theory in Biosciences* 124 : 145-163 (2005) ; M. Jollie, « Segmentation of the vertebrate head », *American Zoologist* 17 : 323-333 (1977) ; A. Graham, « The development and evolution of the pharyngeal arches », *Journal of Anatomy* 199 : 133-141 (2001).

On trouvera un tour d'horizon récent des aspects génétiques élémentaires de la formation des arcs branchiaux dans S. Kuratani, « Evolution of the vertebrate jaw : Comparative embryology and molecular developmental biology reveal the factors behind evolutionary novelty », *Journal of Anatomy* 205 : 335-347 (2004). Parmi les cas de manipulation expérimentale d'un arc branchial sur un autre au moyen de techniques génétiques, voir M. Baltzinger, M. Ori, M. Pasqualetti, I. Nardi, F. Riji, « *Hoxa2* knockdown in *Xenopus* results in hyoid to mandibular homeosis », *Developmental Dynamics* 234 : 858-867 (2005) ; M. Depew, T. Lufkin, J. Rubenstein, « Specification of jaw subdivisions by Dlx genes », *Science*, 298 : 381-385 (2002).

Sur les fossiles des premiers crânes, des premières têtes et des poissons primaires, on trouvera une revue complète, bien illustrée et instructive dans P. Janvier, *Early Vertebrates* (Oxford, Oxford University Press, 1996). L'article décrivant *Haikouella*, le ver d'il y a 530 millions d'années pourvu de branchies est celui de J.-Y. Chen, D.Y. Huang et C.W. Li, « An early Cambrian craniate-like chordate », *Nature* 402 : 518-522 (1999).

6. Meilleurs plans (corporels)

L'origine du schéma corporel a fait l'objet de nombreux papiers, longs comme des livres. Pour le spectre qu'il couvre et sa bibliographie exceptionnelle, voir J. Valentine, *On the Origin of Phyla* (Chicago, University of Chicago Press, 2004).

Il existe plusieurs biographies de von Baer. Pour sa brièveté, voir Jane Oppenheimer, « Baer, Karl Ernst von », dans C. Gillespie (sous la direction de), *Dictionary of Scientific Biography*, vol. 1 (New York, Scribners, 1970). Pour davantage de détails, voir J. Oppenheimer (sous la direction de), *Autobiography of Dr. Karl Ernst von Baer*, 1986, édition originale allemande, 2e édition (1886). Voir encore B.E. Raikov, *Karl Ernst von Baer, 1792-1876,* traduit du russe (1968) et Ludwig Stieda, *Karl Ernst von Baer*, 2e édition (1886). L'ensemble de ces ouvrages comporte une importante bibliographie. Voir enfin S.J. Gould, *Ontogeny and Phylogeny* (Cambridge, Massachusetts, Harvard University Press, 1977) pour une discussion des lois de von Baer.

Les expériences de Spemann et de Mangold figurent dans les manuels d'embryologie : S. Gilbert, *Developmental Biology* (8e édition, Sunderland, Massachusetts, Sinauer Associates, 2006). On trouvera le point de vue de la génétique moderne sur l'organisateur dans E.M. De Robertis, « Spemann's Organizer and self regulation in amphibian embryos », *Nature Reviews* 7 : 296-302 (2006) et E.M. De Robertis et J. Arecheaga, « The Spemann Organizer : 75 Years on », *International Journal of Developmental Biology* 45 (numéro spécial) (2006).

Pour accéder à l'immense corpus traitant des gènes Hox et de l'évolution, l'idéal est de commencer par le récent ouvrage de Sean Carroll, *Endless Forms Most Beautiful* (New York, Norton, 2004). On peut aussi trouver un passage en revue commenté des façons dont la génétique permet de connaître l'ancêtre commun d'animaux bilatéralement symétriques dans D. Erwin et E.H. Davidson, « The last common bilaterian ancestor », *Development* 129, 3021-3032 (2002).

Plusieurs chercheurs affirment ensemble que la transition d'un schéma corporel d'arthropode à celui d'humain s'est faite lors d'un « déclic » survenu quelque part dans le passé lointain. L'idée fait l'objet de discussions dans E.M. De Robertis et Y. Sasai, « A common plan for dorsoventral patterning in Bilateria », *Nature* 380 : 37-40 (1996). On trouvera un regard historique sur la pensée de Saint-Hilaire, ainsi que sur d'autres controverses des premières heures de l'anatomie comparative dans T. Appel, *The Cuvier-Geoffroy Debate : French Biology in the Decades before Darwin* (New York, Oxford University Press, 1987). Les données que livre le ver à gland correspond mal à ce modèle, laissant plutôt entendre que chez certains taxons, la carte entre l'activité génique et la spécification de l'axe a pu évoluer. Pour ces travaux, voir C.J. Lowe *et al.*, « Dorsoventral patterning in hemichordates : insights into early chordate evolution », *PloS Biol*, http://dx.doi.org/journal.oo40291.

M.Q. Martindale retrace l'évolution des gènes déterminant l'axe corporel dans « The evolution of metazoan axial properties », *Nature Reviews Genetics* 6 : 917-927 (2005). Plusieurs articles majeurs abordent la question des gènes du schéma corporel des cnidaires (méduses, anémones de mer et leurs parents) : M.Q. Martindale, J.R. Finnerty, J. Henry, « The Radiata and the evolutionary origins of the bilaterian body plan », *Molecular Phylogenetics and Evolution* 24 : 358-365 (2002) ; D.Q. Matus, K. Pang, H. Marlow, C. Dunn, G. Thomsen, M. Martindale, « Molecular evidence for deep evolutionary roots of bilaterality in animal development », *Proceedings of the National Academy of Sciences*, 103, 11195-11200 (2006) ; D. Chourrout *et al.*, « Minimal protohox cluster inferred from bilaterian and cnidarian *Hox* complements », *Nature*, 442 : 684-687 (2006) ; M.Q. Martindale, K. Pang, J.R. Finnerty, « Investigating the origins of triploblasty : "mesodermal" gene expression in a diploblastic animal, the sea anemone *Nemostella vectensis* (phylum, Cnidaria ; class, Anthozoa) », *Development* 131, 2463-2474 (2004) ; J. Finnerty, K. Pang, P. Burton, D. Paulson, M.Q. Martindale, « Deep origins for bilateral symmetry : *Hox* and *Dpp* expression in sea anemone », *Science* 304 : 1335-1337 (2004).

7. Bodybuilding

Trois articles essentiels parcourent les origines et l'évolution des corps, offrant un tour d'horizon du point de vue de la génétique, de la géologie et de l'écologie : N. King, « The unicellular ancestry of animal development », *Developmental Cell* 7 : 313-325 (2004) ; A.H. Knoll et S.B. Carroll, « Early animal evolution : Emerging views from comparative biology and geology », *Science* 284 : 2129-2137 (1999) ; N.M. Brooke et P. Holland, « The evolution of multicellularity and early animal genome », *Current Opinion in Genetics and Development* 13 : 599-603 (2003). Tous trois ne manquent pas de références et constituent une bonne introduction aux questions abordées dans ce chapitre.

On trouvera un traitement tonifiant des conséquences de l'apparition des corps, et d'autres nouvelles formes d'organisation biologique dans L.W. Buss, *The Evolution of Individuality* (Princeton, Princeton University Press, 2006) ; et J. Maynard Smith et E. Szathmary, *The Major Transitions in Evolution* (New York, Oxford University Press, 1998).

L'histoire que cachent les animaux de l'Édiacarain est racontée, avec références, dans Richard Fortay, *Life : A Natural History of the First Four Billion Years on Earth* (New York, Knopf, 1998) ; et Andre Knoll, *Life on a Young Planet* (Princeton, Princeton University Press, 2002).

L'expérience qui a obtenu des « proto-corps » à partir de « non-corps » est décrite dans M.E. Boraas, D.B. Seale, J. Boxhorn, « Phagotrophy by a flagellate selects for colonial prey : A Possible origin of multicellularity », *Evolutionary Ecology* 12 : 153-164 (1998).

8. Fabrique d'odorat

L'université de l'Utah entretient un site efficace, « Learn. Genetics », sur lequel on trouve un formidable mode d'emploi d'extraction d'ADN dans sa cuisine. L'adresse est : http://learn.genetics.utah.edu/units/activities/extraction/.

L'évolution des gènes dits de l'odorat ou, pour plus de précision, des gènes des récepteurs olfactifs, a fait couler beaucoup d'encre. L'article fondateur en la matière est celui de L. Buck et R. Axel, « A novel multigene family may encode odorant receptors : a molecular basis for odor recognition », *Cell* 65 : 175-181 (1991).

Sur les aspects comparatifs de l'évolution des gènes olfactifs : B. Young et B.J. Trask, « The sense of smell : genomics of vertebrate odorant receptors », *Human Molecular Genetics* 11 : 1153-1160 (2002) ; P. Mombaerts, « Molecular biology of odorant receptors in vertebrates », *Annual Reviews of Neuroscience* 22 : 487-509 (1999).

Sur les gènes des récepteurs olfactifs des poissons sans mâchoire, voir J. Freitag, A. Beck, G. Ludwig, L. von Buchholtz, H. Breer, « On the origin of the olfactory receptor family : receptor genes of the jawless fish (*Lampetra fluviatilis)* », *Gene* 226 : 165-174 (1999). Sur la distinction entre gènes des récepteurs olfactifs terrestres et aquatiques, voir J. Freitag, G. Ludwig, I. Andreini, P. Rossler, H. Breer, « Olfactory receptors in aquatic and terrestrial vertebrates », *Journal of Comparative Physiology A* 183 : 635-650 (1998).

L'évolution des récepteurs olfactifs de l'homme fait l'objet de nombreux articles. La suivante sélection se focalise sur les questions ici abordées : Y. Gilad, O. Man, D. Lancet, « Human specific loss of olfactory receptor genes », *Proceedings of the National Academy of Sciences* 100 : 3324-3327 (2003) ; Y. Gilad, O. Man et G. Glusman, « A comparison of the human and chimpanzee olfactory receptor gene repertoires », *Genome Research* 15 : 224-230 (2005) ; I. Menashe, O. Man, D. Lancet, Y. Gilad, « Different noses for different people », *Nature Genetics* 34 : 143-144 (2003) ; Y. Gilad, V. Wiebe, M. Przeworski, D. Lancet, S. Paabo, « Loss of olfactory receptor genes coincides with the acquisition of the full trichromatic vision in primates », (2003) *PLOS Biology*, http://dx.doi.org/journal.pbio.0020005.

La notion de duplication des gènes en tant que source importante de nouvelle variation génétique remonte aux travaux précurseurs d'Ohno, parus voici près de quarante ans : S. Ohno, *Evolution by Gene Duplication* (New York, Springer-Verlag, 1970). On trouvera un compte rendu sur la question ainsi qu'une discussion sur les opsines et les gènes des récepteurs olfactifs dans J. Taylor et J. Raes, « Duplication and divergence : the evolution of new genes and old ideas », *Annual Reviews of Genetics* 38 : 615-643 (2004).

9. La vision

Ces dernières années ont paru un certain nombre d'articles traitant des gènes de l'opsine dans l'évolution des yeux. On trouve parmi les tours d'horizons généraux sur les fondements biologiques et les conséquences de l'évolution de ces gènes J. Nathans, « The evolution and physiology of human color vision : insights from molecular genetic studies of visual pigments », *Neuron* 24 : 299-312 (1999) ; N. Dominy, J.C. Svenning, W.H. Li,

« Historical contingency in the evolution of primate color vision », *Journal of Human Evolution* 44 : 25-45 (2003) ; Y. Tan, A. Yoder, N. Yamashita, W.H. Li, « Evidence from opsin genes rejects nocturnality in ancestral primates », *Proceedings of the National Academy of Sciences* 102 : 14712-14716 (2005) ; S. Yokoyama, « Molecular evolution of retinal and nonretinal opsins », *Genes to Cells* 1 : 787-794 (1996) ; K. Dulai, M. von Dornum, J. Mollon, D.M. Hunt, « The evolution of trichromatic color vision by opsin gene duplication in New World and Old World primates », *Genome* 9 : 629-638 (1999).

Les travaux de Detlev Arendt et Joachim Wittbrodt sur les tissus photorécepteurs ont fait l'objet d'une première description dans un article fondamental : D. Arendt, K. Tessmar-Raible, H. Synman, A. Dorresteijn, J. Wittbrodt, « Ciliary photorecteptors with a vertebrate-type opsin in an invertebrate brain », *Science* 306 : 869-871 (2004). Un commentaire l'accompagnait : E. Pennisi, « Worm's light-sensing proteins suggest eye's single origin », *Science* 306 : 796-797 (2004). Un précédent compte rendu d'Arendt expose le cadre plus général dans lequel s'inscrit son interprétation de la découverte : D. Arendt, « The evolution of eyes and photoreceptor cell types », *International Journal of Developmental Biology* 47 : 563-571 (2003). Pour davantage de commentaires, voir D.C. Plachetzki, J.M. Serb, T.H. Oakley, « New insights into photoreceptor evolution », *Trends in Ecology and Evolution*, 20 : 465-467 (2005). Les travaux d'Arendt et de Wittbrodt ont encore suscité les commentaires de Bernd Fritzsch et Joram Piatigorsky dans un numéro de *Science*, sous forme de réponse maniant l'idée que l'origine des yeux serait extrêmement ancienne et remonterait à une branche très basse de notre arbre évolutionniste. On trouvera ce texte dans *Science* 308 : 1113-1114 (2005).

Pour les travaux de Walter Gehring sur Pax6 et son influence sur l'évolution des yeux, voir son compte rendu personnel : W. Gehring, « New perspectives on eye development and the evolution of eyes and photoreceptors », *Journal of Heredity* 96 : 171-184 (2005).

Certains articles envisagent les divers rapports possibles entre les gènes préservés de la constitution des yeux et l'évolution des organes oculaires : T. Oakley, « The eye as a replicating and diverging modular developmental unit », *Trends in Ecology and Evolution* 18 : 623-627 (2003), et D.E. Nilsson, « Eye evolution : a question of genetic promiscuity », *Current Opinion in Neurobiology* 14 : 407-414 (2004).

Le lien entre les protéines du cristallin de notre œil et celles des larves de l'ascidie est abordé dans S. Shimeld, A.G. Purkiss, R.P.H. Dirks, O. Bateman, C. Slingsby, N. Lubsen, « Urochordate by-cristallin and the evolutionary origin of the vertebrate eye lens », *Current Biology* 15 : 1684-1689 (2005).

10. L'oreille

Sur la génétique de l'évolution de l'oreille interne, voir K.W. Biesel et B. Fritzsch, « Keeping sensory cells and evolving neurons to connect them to the brain : molecular conservation and novelties in vertebrate ear development », *Brain Behavior and Evolution* 64 : 182-197 (2004). Sur le développement de l'oreille et la génétique qui s'y cache, J. Represa, D.A. Frenz, T. Van de Water, « Genetic patterning of embryonic ear development », *Acta Otolaryngolica* 120 : 5-10 (2000).

La transformation de l'hyomandibule en étrier est traitée dans des ouvrages complets sur l'évolution des poissons primaires ou l'origine des animaux terrestres : J. Clack, *Gaining Ground* (Bloomington, Indiana University Press, 2002) ; P. Janvier, *Early Vertebrates* (Oxford, Oxford University Press, 1996). Il en est encore question dans de récents articles de chercheurs, dont J.A. Clack, « Discovery of the earliest known tetrapod stapes », *Nature* 342 : 425-427 (1989) ; M. Brazeau et P. Ahlberg, « Tetrapod-like middle ear achitecture in a Devonian fish », *Nature* 439 : 318-321 (2005).

À propos des origines de l'oreille moyenne des mammifères sous le regard d'un historien, P. Bowler, *Life's Splendid Journey* (Chicago, University of Chicago Press, 1996). Quelques incontournables : C. Reichert, « Uber die Visceralbogen der Wirbeltiere im allgemeinen und deren Metamorphosen bei den Vogeln und Saugetieren », *Arch. Anat. Physiol. Wiss. Med.* 1837 : 120-222 (1837) ; E. Gaupp, « Beiträge zur Kenntnis des Unterkiefers der Wirbeltiere I. der Processus anterior (Folii) des Hammers der Sauger und das Goniale der Nichtsäuger », *Anatomischer Anzeiger* 39 : 97-135 (1911) ; E. Graupp « Beiträge zur Kenntnis des Unterkiefers der Wirbeltiere II. Die Zusammensetzung des Unterkiefers der Quadrupeden », *Anatomischer Anzeiger* 39 : 433-473 (1911) ; E. Gaupp, « Beiträge zur Kenntnis des Unterkiefers der Wirbeltiere III. Das Probleme der Entstehung eines "sekundären" Kiefergelenkes bei den Säugern », *Anatomischer Anzeiger* 39 : 609-666 (1911) ; W. K. Gregory, « Critique of recent work on the morphology of the vertebrate skull, especially in relation to the origins of mammals », *Journal of Morphology* 24 : 1-42 (1913).

Parmi les meilleurs textes sur les origines de la mâchoire des mammifères, de leur mode de mastication et de l'oreille moyenne à trois osselets, voir : A.W. Crompton, « The evolution of the mammalian jaw », *Evolution* 17 : 431-439 (1963) ; A.W. Crompton et P. Parker, « Evolution of the mammalian masticatory apparatus », *American Scientist* 66 : 192-201 (1978) ; J. Hopson, « The origin of the mammalian middle-ear », *American*

Zoologist 6 : 437-450 (1966) ; E. Allin, « Evolution of the mammalian ear », *Journal of Morphology* 147 : 403-438 (1975).

Sur l'origine dans l'évolution de Pax2 et Pax6, et le rapport entre les oreilles, les yeux et la cuboméduse, voir J. Piatigorsky et Z. Kozmik, « Cubozoan jellyfish : an evo/devo model for eyes and other sensory systems », *International Journal for Developmental Biology* 48 : 719-729 (2004).

Le lien entre les molécules réceptrices sensorielles et différentes molécules bactériennes est abordé dans C. Kung, « A possible unifying principle for mechanosensation », *Nature* 436 : 647-654 (2005).

11. Le sens de tout ça

Concernant les méthodes de la systématique phylogénétique, les ressources sont nombreuses. Parmi les fondamentaux, voir le classique de Willi Hennig, originalement paru en allemand (*Grundzüge einer Theorie der Phylogenetischen Systematik* [Berlin, Deutscher Zentralverlag, 1950]), traduit en anglais plus de dix ans après (*Phylogenetic Systematics*, trad. D.D. Davis et R. Zangerl [Urbana : University of Illinois Press, 1966]).

Pour le détail des méthodes de reconstruction phylogénétique, qui sont à la base de ce chapitre, voir P. Forey (sous la direction de), *Cladistics : A Practical Course in Systematics* (Oxford, Clarendon Press, 1992) ; D. Hillis, C. Moritz et B. Mables (sous la direction de), *Molecular Systematics* (Sinderland, Massachusetts, Sinauer Associates, 1996) ; R. DeSalle, G. Girbet et W. Wheeler, *Molecular Systematics and Evolution : Theory and Practice* (Bâle, Birkhauser Verlag, 2002).

On trouvera une présentation étendue du phénomène de l'évolution indépendante de traits similaires dans M. Sanderson et L. Hufford, *Homoplasy : The Recurrence of Similarity in Evolution* (San Diego, Academic Press, 1996).

Pour un aperçu de l'arbre de la vie et des différentes hypothèses sur les rapports entre créatures vivantes, voir http://tolweb.org/tree/.

L'idée que notre héritage évolutionniste ait des implications médicales a récemment fait l'objet de plusieurs bons ouvrages. Pour une approche complète et bien référencée, voir N. Boaz, *Evolving Health : The Origins of Illness and How the Modern World is Making us Sick* (New York, Wiley, 2002) ; D. Mindell, *The Evolving World : Evolution in Everyday Life* (Cambridge, Massachusetts, Harvard University Press, 2006) ; R.M. Nesse et G.C. Williams, *Why We Get Sick : The New Science of Darwinian Medicine* (New York, Vintage, 1996) ; W.R. Trevathan, E.O. Smith et

J.J. McKenna, *Evolutionary Medicine* (New York, Oxford University Press, 1999).

J'ai emprunté l'exemple de l'apnée à mes discussions avec Nino Ramirez, le président du Département d'anatomie de l'université de Chicago. Celui du hoquet provient de C. Strauss *et al.*, « A phylogenetic hypothesis for the origin of hiccoughs », *Bioessays* 25 : 182-188 (2003). L'interrupteur humain bactérien employé dans l'étude de la cardio-encéphalomyopathie mitochondriale me vient de S. Lucioli *et al.*, « Introducing a novel human mtDNA mutation into the *Paracoccus denitriticans* COX 1 gene explains functional deficits in a patient », *Neurogenetics* 7:51-57 (2006).

Sur Internet

Divers sites et blogs fréquemment mis à jour fournissent des informations fiables.

http://www.ucmp.berkeley.edu
Produit par le musée de Paléontologie de l'université de Berkeley, Californie, c'est l'un des plus riches filons d'informations en ligne concernant la paléontologie et l'évolution. Il est constamment mis à jour et révisé.

http://www.scienceblogs.com/loom/
C'est le blog de Carl Zimmer, bien écrit, opportun, sérieux. Une source d'informations et de débat autour de l'évolution.

http://www.scienceblogs/pharyngula/
P.Z. Myers, professeur de biologie du développement, est le rédacteur de ce blog accessible, instructif et très à la page. Bonne source d'informations, mérite d'être suivi.

Les blogs de Zimmer et de Myer sont hébergés sur http://www.scienceblogs.com, qui en accueille beaucoup d'autres, excellents, et méritant eux aussi qu'on les suive pour des informations et des commentaires sur les dernières découvertes. On notera parmi les blogs traitant de sujets ici abordés ceux intitulés Afarensis, Tetrapod Zoology, Evolving Thoughts et Gene Expression.

http://www.tolweb.org/tree/

Le Tree of Life Project tient un site régulièrement mis à jour et qui fait autorité sur les liens entre toutes les catégories du vivant. À l'instar de la page de l'UCMP de Berkeley, on y trouve aussi des informations sur l'élaboration et l'interprétation des arbres de vie.

Remerciements

Toutes les illustrations, sauf indication contraire, sont l'œuvre de Mme Kalliopi Monoyios (www.kalliopimonoyios.com). Après lecture des brouillons du manuscrit, Kapi n'a pas seulement bonifié le texte, mais elle a accompli le travail artistique qui y correspondait. Je suis vraiment heureux d'avoir pu travailler avec une personne aux talents si variés. Scott Rawlins (Arcadia University) m'a généreusement permis d'utiliser son élégante restitution du Sauripterus au chapitre 2. Ted Daeschler (Academy of Natural Sciences of Philadelphia) nous a gracieusement cédé ses superbes photos du specimen « c » de Tiktaalik. Merci aussi à Phillip Donoghue et Mark Purnell (University of Leicester) de m'avoir autorisé à utiliser leur reproduction de la rangée dentaire de conodontes, à McGraw Hill pour l'image du manuel qui a sonné le départ de la chasse à Tiktaalik, et à Steven Campana du Canadian Research Laboratory pour les photos d'organes de requin.

Si les étudiants en anatomie ont une dette, c'est bien envers les personnes qui font don de leur corps pour nous permettre d'apprendre. S'instruire à partir d'un corps réel est un privilège. Les longues heures passées au laboratoire nous conduisent à éprouver un lien très profond avec ces individus généreux qui rendent cela possible. J'ai encore ressenti ce lien en rédigeant le présent ouvrage.

Les idées ici avancées sont le fruit des recherches que j'ai menées et des cours que j'ai donnés. Des collègues et étudiants, trop nombreux pour que je les cite ici – les étudiants de licence, les étudiants en médecine et ceux du troisième cycle – ont joué un rôle dans la réflexion qui occupe ces pages.

Je dois énormément aux collègues avec lesquels j'ai travaillé au fil des ans. Ted Daeschler, Farish A. Jenkins, Jr., Fred Mullison, Paul Olsen, William Amaral, Jason Downs et Chuck Schaff ont chacun leur part des histoires ici rapportées. Sans eux, je n'aurais pas eu de base de connaissances sur laquelle m'appuyer, et la route n'aurait pas été aussi joyeuse. Les membres de mon laboratoire à l'université de Chicago – Randall Dahn, Marcus Davis, Adam Franssen, Andrew Gillis, Christian Kammerer, Kalliopi Monoyios et Becky Shearman – ont influencé ma pensée et toléré mon éloignement des paillasses pendant que j'écrivais.

Certains collègues ont pris sur leur temps pour me fournir des informations de fond qui me manquaient ou me livrer leurs commentaires sur mon manuscrit, notamment Kamla Ahluwlia, Sean Carroll, Michael Coates, Randall Dahn, Marcus Davis, Anna DiRienzo, Andrew Gillis, Lance Grande, Elizabeth Grove, Nicholas Hatsopoulos, Robert Ho, Betty Katsaros, Michael LaBarbera, Chris Lowe, Daniel Margoliash, Kalliopi Monoyios, Vicky Prince, Jonathan Pritchard, Cliff Ragsdale, Nino Ramirez, Callum Ross, Avi Stopper, Cliff Tabin et John Zeller. Haytham Abu-Zayd s'est montré utile dans bien des domaines. Mes propres professeurs d'anatomie au sein du Harvard-MIT Health Sciences and Technology Program, Farish A. Jenkins, Jr., et Lee Gehrke, ont su stimuler une passion qui dure depuis plus de vingt ans.

Ce projet a profité dès ses origines de conseils déterminants, puis, tout du long, de l'inspiration de Sean Carroll et Carl Zimmer.

La bibliothèque publique de Wellfleet (Massachusetts) a été une demeure confortable, ainsi qu'une retraite très nécessaire, où j'ai rédigé d'importants morceaux de ce livre. Un bref passage à l'American Academy de Berlin m'a plongé dans un milieu qui s'est avéré décisif à l'heure d'achever le manuscrit.

Mes deux chefs, le Dr James Madara (Patron de l'University of Chicago Medical Center, Vice-président des affaires médicales, Doyen de la chaire Sara et Harold Thompson, Distinguished Service Professor au Département des sciences biologiques et à la Pritzker School of Medicine) et John McCarter, Jr. (Patron du Field Museum), ont soutenu ce projet et les recherches qui y ont conduit. Travailler avec des chefs aussi éclairés et compréhensifs est un réel plaisir. J'ai aussi eu la chance d'enseigner à l'université de Chicago, et d'y avoir collaboré avec la direction de la Pritzker School of Medicine. Les doyens, Holly Humphrey et Halina Bruckner, ont eu l'amabilité d'accueillir un paléontologue dans leur équipe. Nos échanges m'ont permis d'apprécier la dimension des défis et toute l'importance de l'éducation médicale générale.

J'ai eu l'immense plaisir d'être associé au Field Museum de Chicago, où j'ai trouvé l'occasion de travailler avec un groupe unique de gens dévoués à la découverte, à l'application et à la divulgation scientifiques. Qu'on me permette de citer Elizabeth Babcock, Joseph Brennan, Sheila Cawley, Jim Croft, Lance Grande, Melissa Hilton, Ed Horner, Debra Moskovits, Laura Sadler, Sean VanDerziel et Diane White. Je suis aussi très reconnaissant pour le soutien, les conseils et les encouragements que j'ai reçus des dirigeants du Comité scientifique du conseil d'administration du Field Museum, James L. Alexander et Adele S. Simmons.

Je dois beaucoup à mon agent, Katinka Matson, qui m'a aidé à transformer une idée en proposition et prodigué ses conseils d'un bout à l'autre de l'aventure. Je tiens pour un privilège d'avoir travaillé avec Marty Asher, mon éditeur. Avec toute la patience de l'enseignant, il m'a distillé le juste dosage de conseils, de temps et d'encouragements qui m'a permis de ne pas m'écarter du chemin. Zachary Wagman a apporté d'innombrables contributions à ce livre, ne serait-ce que par son temps libre, son œil éditorial et ses conseils avisés. Dan Frank a émis d'éclairantes suggestions qui m'ont poussé à envisager le récit sous de nouveaux angles. Jolanta Benal a préparé la copie du texte et apporté d'immenses améliorations à sa présentation.

Mes parents, Gloria et Seymour Shubin, ont toujours su que j'écrirais un livre, bien avant moi-même. Sans leur foi en moi, je crois que je n'aurais jamais couché le moindre mot sur le papier.

Ma femme, Michele Seidl, et nos enfants, Nathaniel et Hannah, ont cohabité près de deux ans avec un poisson – que ce soit sous la forme de Tiktaalik ou de ce livre. Michele a lu et commenté chaque brouillon de ce texte, et supporté mes longues absences les week-ends où j'écrivais. Sa patience et son amour ont rendu tout cela possible.

Table

Imprimé en France par EPAC Technologies
N° d'impression : 4550414306821
Dépôt légal : février 2009